U0138993

凝煉知識品味閱讀

旅館意外事故管理的案例與預防

陳牧可 著

五南圖書出版公司 印行

自序

在技職院校所開設課程中，顧客抱怨案例處理、意外事故案例探討及旅館管理個案研究都是常見的課程。但由於課程定義和範圍的不確定，讓授課老師自由發揮的結果，是讓選擇這三門不同課程的同學，在上完這些課程後的感覺，好像都在上同一門課程，因為多數老師都以顧客抱怨的思維在上這些課程。

為了釐清課程混亂情況，有必要重新定義其內容和範圍。顧客抱怨案例應該單純鎖定旅館業中，消費者對於購買產品或消費過程的不滿意，所造成的消費糾紛。而意外事故案例則應該鎖定旅館（服務提供者），由於設備設施或作業管理不當，造成消費者、員工或公司的受到傷害或損失。而意外事故的受害對象，如果是消費者，則在處理意外事故的過程中，管理者可能面對消費者不滿意，當然隨之而來的，也可能是顧客抱怨。反之，如果處理得當，消費者不但不會抱怨，反而會感激業者。也就是說發生意外事故，不必然會有顧客抱怨。至於旅館管理個案研究，則由於多數上課老師未在旅館中真正工作過，或在旅館上班的時間不長，因此，對旅館管理根本就不熟悉。少數在旅館待過的老師，也不用心準備旅館管理相關個案，引導學生研究值得討論的議題。因此，顧客抱怨就這樣，輕易的變成這些老師上課的主要內容。

學生何其無辜，但這樣的情景每學期都會上演，上課的老師面對不一樣的學生，其實沒什麼感覺。但當學生發現上課的內容幾乎是一樣時，一定很納悶，為什麼系上要開這麼相似的課程。但發現時為時已晚，通常已經過了加退選的時間了。如果需要這學分，學生只能乖乖熬過這一學期。不需要這學分的同學，可能就放棄來上課了。面對這些很無奈的情境，學生的挫折感會很大。

旅館管理每天都必須面對許多瑣碎的事情，而意外事故的發生，常常都是因為旅館員工，未能盡職的將工作細節處理好所造成。本書所提供的案例，都是旅館裡常見的案例，也是多數旅館管理者，容易疏忽的工作小細節。但是，如果管理者疏忽這些簡單的工作細節，極可能造成消費者、員工或旅館受到傷害。

期待這本書的出版，能有益於旅館相關教學。然個人才疏學淺，難免掛一漏萬，也歡迎旅館業前輩隨時批評指教。

陳牧可

案例一 小孩子像不定時炸彈

李偉忠帶著太太及一對上幼稚園的兒女到南部渡假。

某日，他們正準備登記住宿某五星級大飯店。當時正逢晚餐用餐時間，人潮非常多。好不容易車子開到旅館大門口，於是先讓太太帶著小孩及行李先下車，李偉忠自己則將車子開往停車場。當他停了車走到飯店大廳時，已經是20分鐘以後的事了。

到了大廳，他就看到櫃臺前圍了一大群人。趨前一看，竟然看到太太正抱著大聲哭號的小兒子。

原來李太太進入大廳後就到櫃臺等候Check in。輪到李太太時，李太太正忙著辦理C/I事宜，而疏忽了孩子們。小兒子比較好玩，竟然把指引排隊用的護欄當成玩具玩。當小兒子往護欄中間的鐵鏈坐下時，兩邊護欄就往中間倒，一支打中他的小腹，另一支打中他的額頭。

看著太太此時手扶著小兒子額頭，一臉驚慌的模樣，李先生也大吃一驚。

只見旅館工作人員正在一旁安慰，並詢問是否要先將受傷的小兒子緊急送醫院。李先生二話不說，立刻同意先將小兒子送到醫院檢查。

事後，李先生要求旅館爲了提供不安全的設施公開道歉，並賠償其醫療及精神損失。

旅館大廳景觀

紅龍欄杆

討論問題

Q1 小孩子調皮闖禍，旅館也有責任嗎？

Q2 誰該關心此次事件中旅館現場的小孩子？

關鍵重點

1. 小孩子是危險人物。
2. 危險備品。

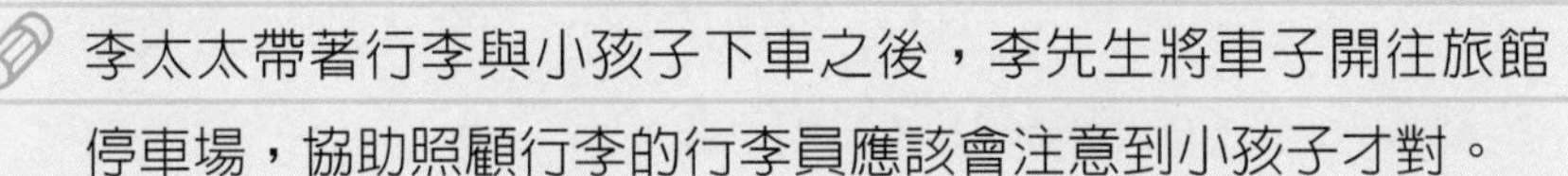

案例解析

李太太帶著行李與小孩子下車之後，李先生將車子開往旅館停車場，協助照顧行李的行李員應該會注意到小孩子才對。

小孩子對餐旅服務業而言，如同不定時炸彈，他們會闖下什麼禍，連他們的父母都不知道，在旅館中只要看到小孩子都值得工作人員多注意。

當小孩子在把玩護欄時，爸爸停車尚未到，媽媽也因為忙著辦理住房登記而未能適時阻止。可惜的是，服務中心和櫃臺接待員，均未意識到小孩子的危險動作，而且大廳裡也未見值勤經理。

由於小孩子有撞擊到頭部和胸部是事實，儘管外表可能看起來並不嚴重，但為了安撫客人的心情及釐清旅館的責任，應該先說服客人盡快將小孩子送醫檢查才對。

旅館最起碼有兩個疏失：

1.使用不安全的護欄。

2.現場工作人員未注意到小孩子的危險動作。

所以，此事件的所有就醫費用，旅館應主動幫客人支付

旅館面對意外事故的SOP

1. 旅館現場工作人員，應先協助客人安撫受傷小孩子的情緒。
2. 通知大廳值班經理，回現場處理，並說服客人盡速讓小孩子就醫。
3. 值班經理陪同就醫，掌握客人就醫狀況，並支付醫療費用。
4. 交班追蹤後續狀況，包括小孩子的狀況、客人的情緒及需求，這些都與小孩子的受傷嚴重程度有關。
5. 值班經理應模擬客人可能提出的賠償要求，醫療費用是基本的。若涉及其他要求，則以不再賠償現金爲原則，而以折抵客人的住宿費用是較爲可行的方式。
6. 除非小孩子傷得非常嚴重，家長有嚴重疑慮，否則，應在客人結帳離開前結案。

旅館內部管理策略

1. 檢討客務大廳人力配置，如爲常態性人手不足，應考慮增加人手。如果只是偶發的忙碌造成，則應多注意現有人力的調配。
2. 如非人力配置有問題，則唯一的解釋是大廳的工作人員不夠機警，不具備「小孩子是危險人物」的觀念，宜加強訓練。
3. 討論護欄使用的必要性，如果還是屬於必要，是否可以找到較安全的材質。

4. 大廳值班經理的工作當然不只是在大廳，在不是處理特殊事件的情況下，理應往忙碌的地方巡視幫忙，一方面了解旅館的運作狀況，一方面隨時支援、協助營運現場主管。當然，更不能忽略大廳客務忙碌時段的需求與協助。

名詞釋疑

Check in (C/I)

中文常被直接翻譯為「遷入」或「住宿登記」，其實其原意乃泛指為某特定事由而執行必要的登記及其相關作業。

在旅館客務管理作業中，Check in乃指與旅館住宿登記有關的一系列作業流程，通常會包括旅客資料登記、住宿期間與房型及房價之確認、付款方式及取得住宿客人的簽字等。

客人簽完名的登記卡，就如同旅館與房客之間的合約書，旅館依約提供相關服務，旅客則依約支付住宿期間所發生的費用。

相對用語為Check out (C/O)，其原意乃指辦理退房相關的作業流程，中文常被直接翻譯為「遷出」或「退房」。

案例二 禮賓車緊急煞車被撞事故

敬啓者：

本人於6月19日從貴飯店離開，很感謝貴飯店的盛情接待。在旅臺期間，貴飯店所屬員工的敬業態度及專業服務技巧均令人由衷讚賞。尤其每天幫我整理房間的房務工作人員，他們的每天早上問好，都會讓我感覺又可以開始愉快的一天。房間備品從未漏失過，清潔度勝過我所住過的世界各地五星級旅館。櫃臺接待小姐不厭其煩的幫我解決各項問題、搜尋許多資料，他們眞是出外做生意的好幫手，有時更勝於我的祕書。他們的表現都令人激賞，也由衷感謝他們的協助。

寫這封信，除了感謝貴旅館這些優秀員工外，我必須也告訴您們另外一件事，我遇到一件不可思議的事情。因爲，我認爲貴飯店給我的印象不應該發生這樣的問題。

事情是這樣的：C/O那天，我預訂了貴公司一部賓士車於10點10分前往桃園中正機場，服務中心的工作人員很有效率的引導我，並協助我將行李搬上了禮賓車。車子帶著我準時離開了旅館，一路上還算平穩。一直到上高速公路前一個紅綠燈，車子突然緊急煞車，隨之車尾有被撞的感覺。接著，就眼睜睜的看著司機下車走到車後，似乎在看車子被撞的情況。之後，司機和後面車子駕駛談了起來，看著雙方比手劃腳的情況，似乎正在討價還價的討論著賠錢問題。

我試著叫司機想告訴他，我要趕飛機，而司機好像無動於衷，只專心談他的事情。看著時間一分一秒的過去，我的心情也越來越緊張，緊張得讓我感覺到徬徨無助。就在我忍不住想下車叫司機的時候，司機終於滿身是汗的回到車上並發動車子。一看時間已過了35分鐘，我只能拜託司機大哥開快車直奔機場。還好我是該航空公司的貴賓，而免於被關在艙門外，差一點就造成無可彌補的缺憾。

原因是，如果我沒趕上這班飛機，將無法及時參加即將在上海舉行的本公司新產品發表會，那將會是一場災難，因爲我保管了新產品的大部分資料。

以上報告，是我親身碰到的問題，我希望它不會再發生在任何人身上。我無意因爲告訴你們這件事而造成你們的困擾，但請相信我，這是眞的。

仍然以你們爲傲的

Tomas Hong

司機引導客人上車

著制服司機開車照

討論問題

Q1 旅館禮賓車的排班調度。

Q2 車輛事故發生時，司機該如何處理？

關鍵重點

1. 司機的開車技術與習慣。
2. 客人的行程掌握。

案例解析

感謝客人願意花時間告訴旅館這些細微的問題，旅館應該審慎檢討並慎重的回應客人。

事故發生，司機急著了解車輛損壞狀況及解決車禍問題，卻疏忽了客人知的權利及擔心影響行程的本質。

司機遇到事故發生，一定要先通知旅館服務中心。服務中心的值班人員也疏忽掉客人的需求而忘了事先提醒司機，是有一點離譜了。

發生任何意外事故，客人的感受及安危都應是意外事故處理的優先考量。本案例客人未受傷，班機行程沒被延誤，都是不幸中的大幸，否則，旅館會因為司機的處理不當而付出代價。

當旅館感受到客人的好意，最好的回饋就是好好改善缺失，並讓客人再度光臨時能明顯感受到旅館改善調整的用心

旅館面對意外事故的SOP

1. 發生事故的第一時間，司機應向客人致歉並詢問是否受傷，並請求客人稍候後再下車處理。
2. 了解被撞狀況，通知旅館服務中心，並請求代爲報案及通知保險公司。

3. 由於司機與車子必須留在現場等候處理，應再確認客人行程。所以，旅館服務中心値班人員應優先處理客人的問題，如果事故現場離旅館不遠，公司又有備用車輛可調度，應盡速派車子接替。如果事故現場離旅館很遠，從旅館派車緩不濟急，則可尋求事故現場附近的車行協助支援。當然，如果支援有困難或時間緊急，雇用計程車是最簡便的方式，但必須先徵詢客人的同意。
4. 換車的過程中，應注意客人及行李的安全，尤其是行李必須確認安全轉移無誤。
5. 車資由旅館支付，如何支付則依現場狀況洽談處理，重點是不要涉及客人。
6. 掌握時間送走客人後，司機留在現場配合交通警察的處理。如果旅館有機場接待執勤中，應同時通知，可在機場迎接協助此客人。
7. 如爲嚴重事故，服務中心値班人員應立即要求保險公司派員至現場處理。如爲一般事故，則於司機取得現場交通警察開出之「交通事故當事人登記聯」後，通知保險公司報出險即可。
8. 本案例無人員傷亡問題，只有車輛維修的問題。只要與保險公司談好，選定日期進約定的維修廠進行維修即可。
9. 旅館客務經理事後應再與客人聯絡，主動關心客人的狀況，並再次表達歉意。

以上爲正常事故發生後旅館的標準處理SOP。以下是面對事後客人來信後，旅館的因應SOP：

1. 總經理可以指定公關或客務經理來回應客人，但如果總經理能親自回應客人，客人的感受會更好。
2. 客務經理了解整件事情的發生經過，可提供總經理參考。
3. 聯絡客人，感謝客人告知其面對的問題，並承諾日後會加強員工訓練，並且保證公司員工不會再犯此錯誤。

4. 正式邀請客人擇日再度蒞臨本飯店，費用由旅館吸收。
5. 安排同一司機接送該客人，當然是在該司機經過適當的訓練調整之下爲之。
6. 當客人再度蒞臨旅館時，總經理應出面迎接，安排宴請客人餐敘，並再次感謝客人的體諒及對旅館的支持。

旅館內部管理策略

1. 檢討事故發生原因。如果是因爲緊急煞車而造成的追撞，應了解緊急煞車的原因，是否爲司機的開車觀念有問題，或只是司機個人的壞習慣。
2. 司機的再教育，包括開車技術、觀念及意外事故發生的處理程序。
3. 如果司機在發生事故時的第一時間，有向服務中心報告，則還讓客人等了那麼久，未能及早處理客人的問題，該值班人員就應予以再教育並給予懲處。當然，如果司機未及時向服務中心報備，那麼就是司機個人的疏失。司機讓客人久候不安，除了應再教育外，也應予以適當的懲處。
4. 服務中心主管應就司機及車輛管理再進一步研究整理，並形成更完整的標準作業流程，然後落實於日常作業中。
5. 服務中心通常歸客務部管理，客務部經理應更加嚴格督導管理，以免服務中心私了，或未能針對缺失改善。

案例三 逃生梯內跌倒受傷

Mr.Cohen與Mr.Harris是法國某大超商派來臺灣，參與規劃大賣場設立的工作夥伴。

由於來臺工作時間只有兩個月，還被當地配合廠商安排住宿在臺北市區某五星級飯店。由於距離賣場開幕日期越來越近，而距離回法國的日子也越來越近，兩人的工作壓力越來越大。

Cohen住在飯店十樓、Harris住在九樓。由於兩人常有一些議題必須一起討論，所以，兩人除了在辦公室時努力工作外，回到旅館還必須常在一起商量各項議題。也因此，Cohen常往Harris的房間跑。

剛開始，Cohen都會搭電梯到九樓找Harris。由於每次都得走過長長的走廊到電梯口等電梯，再搭電梯到九樓，再走過長長的走廊到Harris的房間，滿浪費時間的。有時碰到事情較急，望著忙碌的電梯，都還想踹它一腳。

某一天，他看著從太平門走出來的安全人員，突然想到也許他可利用安全梯省一些時間。既然想到了就立刻付諸行動。

當他離開十樓之前，他將十樓安全門鎖打開。當他到達九樓時，他也隨手將九樓的安全門鎖打開。

當天晚上，Cohen即利用安全梯來回他和Harris的房間，這樣做讓他節省了不少時間。他對自己的發現感到非常滿意。在接下來的日子裡，只要需要與Harris溝通他都採取同一個途徑。

直到有一天，正是他即將離開臺北的前一天晚上。他以同樣方式來到Harris的房間，直到凌晨近1點，他要回房時，問題來了。當他回到十樓時發現他無法開門，這意味著有人將門鎖上鎖了。他只好再退回九樓。沒想到，糟糕！九樓的安全門鎖也被鎖上了。只怪自己走出九樓安全門時，忘記檢查門鎖是否是打開的。沒辦法，他只好沿著太平梯往樓下走，察看是否有未上鎖的門。但讓Cohen失望了，安全門鎖全部都有上鎖，而且其中還有好幾個樓層因爲沒有照明燈而顯得黑暗嚇人，Cohen還在其中一樓踩空，摔了一跤，腳踝還腫了起來。他好不容易走到一樓，才得以走到大廳。

Cohen先打電話給Harris述說他的遭遇，接著找到大廳值班經理請他協助就醫。並告訴他，他遭遇的一切將會嚴重影響其行程及工作，必須請旅館派人向其當地公司說明。

逃生梯通道

逃生梯專用防火門推把（panic bar）

討論問題

Q1 逃生梯的安全管理維護該由誰負責？

Q2 旅館的巡邏工作該如何執行？重點為何？

關鍵重點

1. 照明燈故障。
2. 安全梯鎖的管理。

案例解析

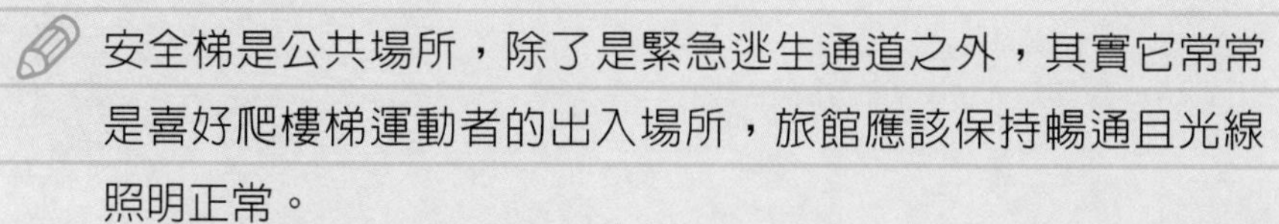

安全梯是公共場所，除了是緊急逃生通道之外，其實它常常是喜好爬樓梯運動者的出入場所，旅館應該保持暢通且光線照明正常。

客人是長期客，卻沒要求住宿同一層樓，而且願意為了偶發的工作需求而來往於不同樓層的兩個房間。可以合理的判斷，是客人不喜歡互相干擾，或因為旅館客房房型的關係而住在不同樓層。

偶爾到彼此的房間，走過長長的走道，再等一下電梯。搭上電梯上下一個樓層後，再走一段長長的走道感覺還好。當兩人的工作討論需求越來越密集來往彼此房間，就會變得有點麻煩而且浪費時間。尤其是久等電梯時，更顯得無奈。也因此，當發現走逃生梯是一條捷徑時，客人當然樂於使用。

旅館專業逃生防火門上有一個鎖，門鎖打開時可自由進出。通常旅館為了樓層安全控管，怕陌生人藉由逃生梯侵入客房區域的關係，逃生防火門的鎖都是保持鎖上的狀況。也就是說，可從客房進入逃生梯，但從逃生梯無法進入客房。案例中，客人即是將旅館的逃生防火門鎖打開，以方便自己走樓梯進出。

前幾次的操作使用顯然沒有人發現，而讓客人自由進出無慮。但這次會發生問題，顯然是，旅館工作人員發現逃生門鎖被打開，認為不正常而予以還原上鎖，才造成客人無法進出。

原先讓客人運動到一樓也沒什麼不妥，壞就壞在樓梯間的照明燈故障。客人因走照明不佳的樓梯而摔傷腳是事實，旅館想賴都賴不掉，更何況客人是長期客。

客人受傷就醫及付醫療費用，旅館都責無旁貸，麻煩的是會影響到客人遷出旅館的行程。客人必須因此多留下一些時日已是無法改變的事實，除非客人有非離去不可的原因。這筆客人延後離開所發生的住宿費用，恐怕會算在旅館帳上。

旅館除了可能多出上述費用，又得跟客人及客人的公司致歉，可說是賠了夫人又折兵。負責該公司業務的業務人員更應謹慎以對，好好的與該公司共同面對、處理此問題，以免傷了和氣。

旅館面對意外事故的SOP

1. 值班經理應立刻安排、陪同客人就醫。
2. 了解事情發生經過，並做成紀錄，並請工程人員盡速維修照明設備，紀錄報告隔日呈報總經理。
3. 總經理責成負責該公司的業務人員，拜訪該公司洽談後續事宜；自己則抽空探望受傷客人，表達關心及致歉之意。
4. 依客人及其公司的要求配合後續處理，包括客人的生活起居及就醫交通接送等事宜，直到客人離開旅館。

旅館內部管理策略

1. 檢討、追究責任。照明燈何時故障？是否有報修紀錄？負責單位是誰？

2. 落實責任區檢查制度，更明確劃分單位責任區。各樓層領班的責任區爲往上往下各半個樓層。
3. 查出是誰將逃生防火門上鎖的，檢討當發現此門鎖被打開時，是否有機會知道是客人故意打開的。
4. 監視系統的監控人員，如果有認眞執行監控作業，應會發現不尋常之狀況。如本案客人不正常進出逃生梯，都該立即向値班經理報備。本案如有事先報備大廳經理，則房務人員及警衛應該都會知道客人使用該逃生梯的需求，而不至於有客人往來逃生門而被上鎖，也就不會發生這件意外事故了。

案例四 駐店經理之死

Danniel Lee是香港人，於兩年前應聘至臺灣XX大飯店擔任駐店經理，一直都住在旅館客房中。

時間過得很快，兩年合約即將到期，而新任總經理似乎無意再續約。Danniel透過各種管道，仍然未能順利取得新合約；他透過在臺灣所有的人際關係，在其他旅館謀求其他工作的希望也一一落空。

Danniel的情緒非常低落，在臺最後一星期也是旅館合約中給的一星期假，Danniel除了仍然忙於找尋適當的工作之外，每天晚上都窩在旅館酒吧喝悶酒，直到半夜才回客房睡覺，早上則很晚才起床。

由於Danniel長期住在客房，人在房內有掛DND的習慣，客房服務的人員已經很習慣了，通常在Danniel將DND燈熄掉後才會去整理房間。以至於Danniel在應該Check out的前一天，房間因爲掛DND而未整理，都沒有人因此感覺有何不妥。

直到 Due out當天，櫃臺工作人員過了中午，清理Due out房間時才發現Danniel的房間尚未Check out，經打電話後發現房間內無人接聽，於是請房務部查房，發現房間裡仍掛著 DND。

最後，請大廳櫃臺工作人員會同房務部主管上樓查看。因爲房間反扣，無法進入房裡，經打電話聯繫仍無反映。這時，大廳櫃臺工作人員覺得事態嚴重，就請工程人員配合破門而入，發現Danniel趴在床上，手腳冰冷，應已死亡多時。

請勿打擾燈

房間安全鏈條

討論問題

Q1 房務部員工有何責任？

Q2 酒吧工作人員有何責任？

關鍵重點

1. 房客DND的處理。
2. 消費者的情緒及異常現象。

案例解析

駐店經理理應與許多單位都有密切接觸，而且離職前他的情緒低落，但為何沒人關心他？是Danniel的人際關係不佳，還是與其多所互動的各單位工作人員的敏感度及警覺性不夠？

Danniel在酒吧借酒澆愁已有一段時間，酒保不可能不知道。即使是以往Danniel就有在酒吧喝酒的習慣，這段期間的情況應該也會有所不同。比如說，情緒與酗酒的情況。

人事單位和總經理均未能針對Danniel的困境給予某些程度上的協助。在情緒上給予某些疏導、在生活上給予一些關心，也許都能幫得上他的忙。

房務部的例行工作「整理房間」有一定的程序，掛著「請勿打擾」（DND）的燈，雖然不應打擾他，房務人員還是應該對DND的房間有所警覺，發現不對勁時就應請大廳值班經理或房務辦公室主管與房客聯絡。如果房務部有執行此作業程序，也許還來得及救Danniel。

隔天因為Due out未結帳，才發現Danniel已經出了意外，顯然是太遲了。房務部工作人員平時與Danniel的互動應該不少，尤其最近因為其情緒不佳，恐怕住宿期間早已有些反常現象出現。可惜房務部工作同仁好像也沒發現異樣或曾感受到，沒有人反映過，這些都導致因此失去了救人先機。

旅館面對意外事故的SOP

1. 在正常房務運作的情況下，每天下午3點鐘以後，房務部會請主管或值班經理，與房間掛「請勿打擾」燈（牌），而房間尚未整理的房間聯絡，以詢問客人「房間是否可以整理」的名義，好確認房客的正常、安全。
2. 在客人未接電話的情況下，值班經理會會同房務部主管直接按門鈴（敲門），在沒有回應的情況下再一起開門、進房間。
3. 發現Danniel身體冰冷，顯然已經死亡多時，已無急救的必要。除了迅速呈報總經理外，因已確認死亡，旅館只能向當地管區警察局報案。
4. 封鎖現場等待檢警調查，內部封鎖消息，並指派公關應對媒體的需求。
5. 配合檢警完成現場調查，並於完成現場調查後協助家屬（公司）移走屍體、清潔消毒現場、房間備品當廢棄物等處理。
6. 配合家屬及公司需求，完成必要的法事後房間暫時停賣。

旅館內部管理策略

1. 加強酒吧工作人員的訓練，除了服務技巧外，應善於觀察客人、了解客人的情緒，並有機會讓客人紓解其情緒。如有危險對象，應主動通報值班經理請求協助處理。
2. 落實DND的標準作業流程，房務員不得自作主張或故意不通報，除非客人已告知不用整理房間，否則，所有DND房均應彙整報告給領班或辦公室。
3. 加強訓練房務工作人員的敏感度，遇到住宿客人情緒反常低落時，一定要向領班或辦公室報告並追蹤處理。
4. 人事單位應多關心員工，尤其是國外應聘來臺的工作者。即使是已不再聘用，適時適當的關心員工，資方與勞工的關係會更爲緊密。

名詞釋疑

DND

當住宿旅館的客人不希望被打擾時，可以按「請勿打擾」的燈或掛上「請勿打擾」的牌子。DND是英文Do Not Disturb的縮寫，其中文意思就是「請勿打擾」。旅館通常會尊重旅客的選擇，避免造成旅客遭受不必要的干擾。但基於保護旅客的安全，及旅客外出後可能忘記將「請勿打擾」的燈熄滅，或取下「請勿打擾」的牌子，而影響旅館每日例行的服務作業。通常旅館會選擇在下午3點過後與掛DND的客人聯繫，以確認房客的安全及客房何時方便整理。

Due out

其英文原為「預定離開」之意。在旅館管理中，其意為「訂房終止日」，也就是預定遷出旅館的日子。旅館客務工作人員應追蹤Due out客人是否依約定，於Check out time之前辦妥結帳程序，否則可能影響後續已訂房客人的入住行程。

案例五 啤酒先生之死

吉田先生是一位日籍商人，常來臺灣而且非常喜歡臺灣式的交際應酬，尤其喜歡臺灣的啤酒。所以，除了日常交際應酬外，他的房間冰箱內隨時都擺滿臺灣啤酒，久而久之，大家都稱呼他爲「啤酒先生」。

有一天晚上，已近凌晨，啤酒先生由他的臺灣朋友送回飯店。服務中心的服務員協助客人將啤酒先生扶下車，放在輪椅上，只見坐在輪椅上的他似乎已不醒人事。

在服務中心同仁的協助下，啤酒先生被送回房間，安置在床上睡覺後，其臺灣的朋友才離開飯店，離開前也請櫃臺人員多多照顧。

隔天早上約9點30分，旅館大廳值班經理接獲告知，吉田先生未出現在該公司的9點會議，他們又聯絡不上吉田先生（一直電話中），請派人至其房間代爲巡查一下。大廳值班經理了解情況後，隨即打電話至吉田先生的房間。電話還在電話中，於是他到樓上先詢問了房務員，情況也沒異狀，只是房間還依然暗暗的，房務員還沒敲過他的房間。

大廳值班經理在敲了吉田先生的房門沒有回應後，就直接開門進入房間。開燈後，他發現客人倒在浴室內，浴室裡的電話垂掛在旁邊。大廳值班經理趨前碰觸客人身體，發現客人已經沒了呼吸心跳。

房門口掛著「請勿打擾」的牌子

討論問題

Q1 房客喝醉酒，旅館該擔心什麼？

Q2 房客喝醉酒，旅館可以為他多做些什麼？

關鍵重點

1. 酒醉事故多。
2. 多一點關懷，多一點貼心服務。

案例解析

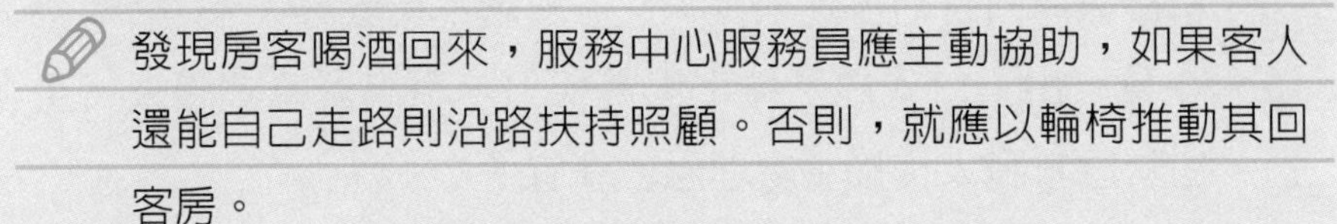

- 發現房客喝酒回來，服務中心服務員應主動協助，如果客人還能自己走路則沿路扶持照顧。否則，就應以輪椅推動其回客房。

- 由於房客是其他客人陪同回來的，值班經理可主動與房客的友人了解客人的情況，有何需要特別注意事宜，包括知道客人的隔日行程，例如，需要喚醒服務等。

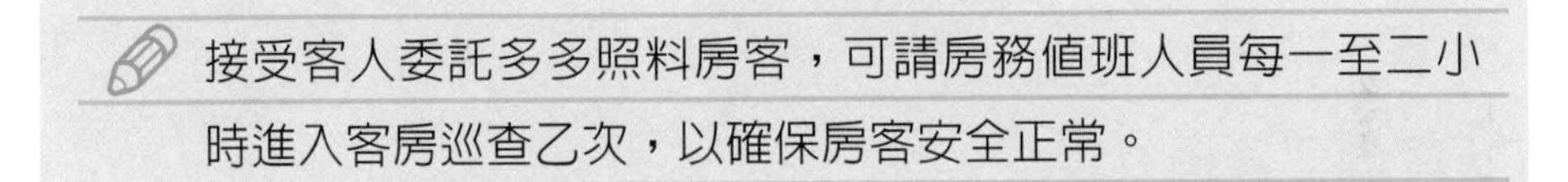

- 接受客人委託多多照料房客，可請房務值班人員每一至二小時進入客房巡查乙次，以確保房客安全正常。

- 當進入客房時，發現房客已發生意外，如果無外傷但已無呼吸心跳，應盡速向總經理報告，如果客人仍有體溫並迅速對客人施做心肺復甦術（CPR）。

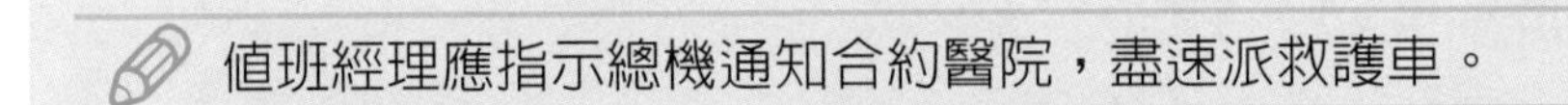

- 值班經理應指示總機通知合約醫院，盡速派救護車。

- 值班經理應陪同客人到醫院處理相關事宜，當在客人狀況確定後，才回旅館完成報告，並通知其公司。

- 房務部正常清理客房，等待客人最後狀況通知後待命作業。

旅館面對意外事故的SOP

1. 值班經理至現場確認房客狀況後，一邊持續急救房客CPR，一邊通知總機盡速向合約醫院求援，速派救護車搶救客人。
2. 派人在員工出入口或地下停車場電梯口，引導緊急救護人員至客房，由緊急救護人員接手處理急救事宜。
3. 值班經理攜帶客人資料至醫院，協助客人就醫事宜。
4. 值班經理於醫院處理客人事宜告一段落後（通常是宣布死亡或確認住院），應回旅館完成意外事故處理報告。
5. 報告上呈，通知房客的公司，並委由公司通知家屬。
6. 追蹤公司及家屬，以確認客房是否保留。

旅館內部管理策略

1. 由於本案例的發生及處理，旅館的作業均屬正常操作，並無明顯疏失而到必須調整或加強處理。
2. 加強訓練櫃臺接待人員，落實客人交辦事宜。
3. 旅館客人喝醉酒，旅館最擔心三件事：
   (1) 酒醉鬧事，吵到其他客人。
   (2) 酒醉嘔吐，污染地毯布巾。
   (3) 發生意外事故（跌倒）撞傷、心肌梗塞。
4. 所以，遇到房客喝醉酒，旅館會做一些預防事宜：
   (1) 盡速送房客入房，減少影響其他客人的機會。
   (2) 協助客人就寢，並在床的旁邊放置垃圾筒，以備客人嘔吐用。
   (3) 不定時入房巡查，以確保客人正常安全。

案例六 客人房內被搶

Mr. Abudula是伊朗人，幾天前住進XX飯店，晚上6點10分，房務部做夜床的工作人員進入其房間，發現客人被綑綁在沙發上。房務員急忙通知H/K辦公室，辦公室立即通知大廳值班經理和安全室這個緊急狀況。

大廳值班經理Leo和安全室主管很迅速的來到房間。

經Leo與客人溝通後才知道，客人於5點左右回房間後，隨即被跟進房間的歹徒制伏。搶賊有兩人，應該是臺灣人，不會講英語。在很短的時間內，兩名歹徒搶走他所有值錢的東西，包括項鍊、鑽石、皮包內的現金臺幣二萬多元，行李箱內的美金二千五百元，以及已簽名之旅行支票約美金二萬元。

大廳值班經理安撫客人後，隨即回大廳。一方面馬上將發生的事情向總經理室呈報，一方面請安全單位開始清查相關路徑上的監視器。但發現該樓層監視系統竟然故障，並未錄到出事期間的任何狀況。

走廊監視器

旅館監控中心

討論問題

Q1 旅館有機會防止其發生嗎？

Q2 綁匪有哪些進入客房的可能？

關鍵重點

1. 監視系統故障。
2. 事件發生的時間點。

案例解析

接獲房務人員通知後，大廳值班經理會同安全室主管快速抵達現場，除了幫客人鬆綁並給予適當的安撫外，盡量保持現場完整。

監視系統故障的時機與案發時間是巧合還是另有玄機？這也許就是破案的關鍵。

由於事發時間剛好是樓層工作人員下班，而旅館夜床作業尚未開始之前。所以，作案者應該是對旅館作業非常了解，才會選擇這麼理想的時間犯案。

從上述兩個重點思考，可以合理懷疑犯案者可能是與旅館員工或前員工有關，當然也可能是客人自導自演。

了解事情發生的前後情境後，值班經理應取得客人的同意報案（除非客人不願意報案）。

等候警方前來處理之前，值班經理應盡速收集、檢視旅館內部各項相關證物。

當發現該樓層監視系統是故障的狀況時，應追查：是何時開始故障？是否有報修紀錄？尤其是監控中心的執勤人員，是否知道系統是故障的狀態？

雖然已經報案，旅館仍然必須收集可能的相關資料，以備協助警方釐清案情。更何況，旅館最擔心的是自己現職的員工涉入其中，對旅館的傷害最大。

由於客人是被跟蹤入房的歹徒所控制，歹徒應該是長途尾隨客人回來或在案發現場等候客人，不然就是客人撒謊。

旅館面對意外事故的SOP

1. 房務工作人員發現事故後立即通知辦公室，由辦公室立即呈報值班經理。
2. 值班經理協同安全室值班主管盡速趕至現場處理。
3. 值班經理先幫客人鬆綁，了解事情經過及客人的想法，並取得客人同意後報警處理（除非客人有其他考慮不願意報警，則另有處理程序）。
4. 請客人在房內休息，盡量維持現場狀況，等待警方前來處理。
5. 請安全室主管迅速檢視該樓層監視系統及各相關出入口的錄影帶。

6. 值班經理也利用警方前來處理之前的空檔，速訪監控中心與樓層工作人員，以釐清案情及掌握相關訊息。
7. 確認樓層監視系統故障後，應追查系統故障的各項疑點，包括：何時開始故障？有人知道故障嗎？有報修紀錄嗎？
8. 查相關出入口錄影帶，篩選出事故時間點前後可疑人物以備查。
9. 配合警方辦案，主動提供必要的協助，包括提供必要的人證、物證等相關資料。

如果，客人不願意報案，則處理程序爲：

1. 值班經理持續與客人溝通了解其所需，在合法的情況下協助客人釐清案情。
2. 如涉及要求旅館負責或賠償，值班經理應堅持只有先報案方能配合客人處理。
3. 在合乎情、理、法的情況下，盡量配合客人的要求。但仍堅持先報案較爲妥當，更進一步讓客人知道：旅館處理涉及保險理賠，向警方報案爲必要程序。

旅館內部管理策略

1. 追究檢討監控系統故障的責任。如果整個系統都故障，應該查：故障多久了？爲何未報修？如已報修，爲何尚未修好？
2. 如果只是壞了錄影設備，則監控中心應該還能看到樓層現場的狀況。當時監控中心的值班人員，是否在事情發生前後曾經注意到與案情有關的影像？當然，錄影設備故障的責任還是得追究。
3. 監視螢幕影像不見了，這應該很明顯。如果值班人員對消失的螢幕竟然沒感覺，那就是混得太兇了，應予以調職處理。
4. 加強監控人員的訓練。除了認眞負責的監控螢幕上的不正常事物外，也應該注意檢查監控設備的正常運作。
5. 如果最後結果是有員工涉案，則應檢討員工管理等相當議題，如員工招募及訓練。

案例七 酸水事件

某日，一位客人從臺北南下渡假，住宿某國際大飯店。

早上7點不到，客人就打電話向房務部抱怨煮水瓶煮出來的水酸酸的，喝過後感覺腸胃非常不舒服。房務值班的蘇主任無法馬上給予答覆，只能先跟客人道歉，並表示將盡速查明原因後馬上給予答覆。但客人因趕行程要去墾丁，7點30分以前必須離開飯店，於是留下行動電話號碼，希望旅館查明後能給予說明。蘇主任只在交班本子上簡單記錄此客人的抱怨經過，請接班者查明眞相後再與客人聯絡說明。電話號碼則寫在一小張便條紙上，以迴紋針別在交班本內頁。

經查，該酸味乃是房務員在做煮水瓶清潔保養時，使用的檸檬酸未清洗乾淨所導致。

交接的人是張副理，他在工作忙到告一段落後準備與該客人聯絡，但該電話號碼卻不愼於交班後遺失，以致未能及時回電給客人。張副理也找出了該客人的原始訂房資料，可惜留下的電話是空號，張副理只好在紀錄本上記錄了這一段處理經過。從此以後，就沒人再處理此抱怨事件，直到該客人後來投訴至消基會。

鈣化的煮水瓶內緣

食用檸檬酸

討論問題

Q1 煮水瓶清潔保養的流程為何？

Q2 顧客抱怨處理的作業流程？

關鍵重點

1. 食用檸檬酸的安全使用。
2. 專業知識與技能。

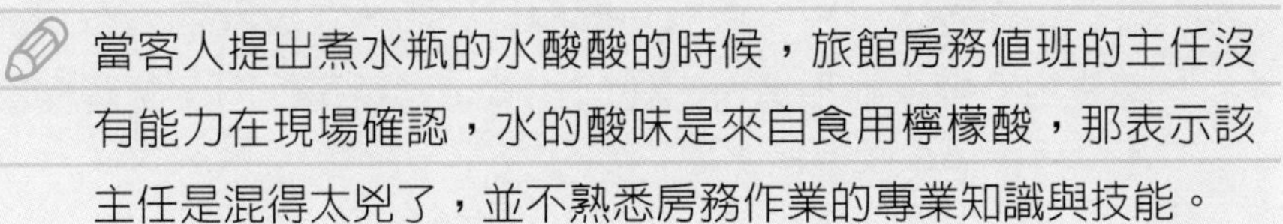

案例解析

當客人提出煮水瓶的水酸酸的時候，旅館房務值班的主任沒有能力在現場確認，水的酸味是來自食用檸檬酸，那表示該主任是混得太兇了，並不熟悉房務作業的專業知識與技能。

當旅館供應的水質是含鈣較高的硬水時，通常煮水瓶在使用一陣子後，煮水瓶內緣必會漸漸因鈣化而呈現灰白色，而旅館房務單位會不定時的以食用檸檬酸滲入煮水瓶的水中，煮沸大約十分鐘，而將鈣化清除。

有經驗的主管應有能力當下直接向客人道歉，並解釋說明，應是員工執行維修保養時，未將瓶內殘留含檸檬酸的水清除乾淨所導致。同時，向客人保證，檸檬酸可以食用不會傷害身體健康。如果客人有疑慮，旅館願意立刻安排客人就醫檢查。

本案例，客人因房務主任無法當面解釋而帶著疑惑繼續旅行。而答應後續再給答案的主任，卻荒謬到將客人的行動電話號碼遺失。

房務部主管在接獲此訊息後，又未能做積極的補救。例如，找尋其他可能找到客人的方式（查原始訂房資料，找到訂房人或原來的訂房電話等）。可能認為客人喝了食用檸檬酸應該沒有問題，也有可能是因為疏忽而忘了這件事。

房客因不滿旅館未回應其疑惑而告上消基會，對旅館的傷害極大。尤其這種事確實是件小事情，但要付出的成本太高了。

盡速聯絡客人，用盡所有方式解釋說明，並說服客人撤回消基會的投訴。應不惜付出任何代價，避免真的出席調解委員會，否則損失將會更大。

旅館面對意外事故的SOP

1. 當客人提出喝到酸水時，有經驗的主任只要知道那是食用檸檬酸，然後道歉，再請問客人要不要安排就醫，以免其擔心受怕，當下也許就能讓客人安心，並順利解決問題。
2. 由於不具備處理該問題能力的主管值班，才在接二連三的疏忽下，最後演變成客人告到消基會。
3. 旅館接到消基會的通知後，應盡速與客人取得聯繫。
4. 旅館應該派出高階主管，客房部門或公關主管專程拜訪客人，並提出完整的說明與道歉，甚至提出客人可以接受的賠償（不惜代價）。

5. 取得客人的諒解並達成和解後，請客人通知消基會，已達成和解要求撤回告訴。

旅館內部管理策略

1. 追究該主任及副理的責任，並檢討其是否適任，應加強訓練或調離現職，以及給予應有的懲處。
2. 再確認房務主管的交班標準作業流程，避免因爲個人主義而有盲點死角。
3. 查出電話遺失的眞相：當事人自己的疏忽還是有其他人爲因素？
4. 房務部主管如果不知道該前半段的顧客投訴，那應該檢討是否是該主任的報告有問題，還是單位內部的訊息傳遞有問題。
5. 如果房務部主管曾被報告過以上投訴，而未及早尋求補救而導致客人向消基會投訴，那也表示，房務主管沒有能力管理此單位，總經理應予以再訓練或另調他人來取代此主管。
6. 再確認清洗煮水瓶的標準作業流程，以避免再犯同樣錯誤。

案例八 跌下工作梯受傷

尚平是XX飯店房務部的辦事員，所負責的工作瑣碎又繁雜，其中一項例行工作就是庫房整理。

由於旅館使用備品項目非常多樣，數量也不少，平常庫房管理就是一項非常難搞的工作，大家都視爲畏途。在東西多、空間小的情況下，能使用的空間有限，物品往高處堆積已成必然。

某日，爲了拿取放置最高層架上的箱子，尚平獨自取來A形梯爬上梯子頂，試著將層架上的箱子取下。因爲箱子內裝著部分印刷品，有點重。尚平一不小心，爲了抓住掉下來的東西而失去平衡。除了箱子沒扶住而掉下來外，他自己也從梯子上掉下來。

尚平爬起來後，發現除了手臂、額頭有一些擦傷外，腰非常痛，甚至痛到直不起腰來，在稍做休息後才勉強走出庫房，其他同仁看到了都大吃一驚。

辦公室主管發現情況不對勁後，趕快派人將尚平送醫。醫院檢查後，尚平沒什麼外傷，腰部卻有嚴重的挫傷，幸好未傷及脊髓骨頭，應該休息兩天即可返回工作崗位。

A形梯

庫房層架

討論問題

Q1 高處作業該注意的事項為何？

Q2 庫房誰在使用？誰應該整理？

關鍵重點

1. 庫房管理。
2. A形工作梯的使用。

案例解析

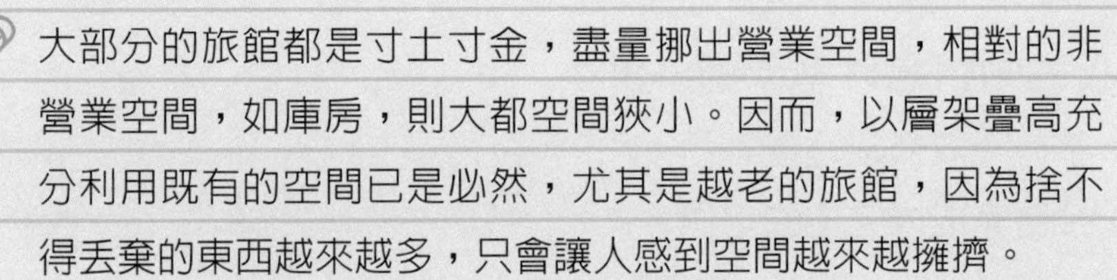

大部分的旅館都是寸土寸金，盡量挪出營業空間，相對的非營業空間，如庫房，則大都空間狹小。因而，以層架疊高充分利用既有的空間已是必然，尤其是越老的旅館，因為捨不得丟棄的東西越來越多，只會讓人感到空間越來越擁擠。

庫房管理是個非常讓人頭痛的問題。房務部所負責的工作非常瑣碎，辦公室旁邊有一個夠大夠用的庫房通常是房務管理者的夢想。房務負責管理房客的住宿期間，所有與生活起居相關的瑣碎事宜，而房務部辦公室正是提供所有服務的指揮中心與聯絡中心。庫房中配置庫存了許多為滿足客人需求而購置儲存的配備資源，而這些配備資源的有次序管理，正是房務工作的基本挑戰。也只有管理妥當這些瑣碎工作，才能確保服務的迅速確實。

房務部辦公室通常需要二十四小時有人值班，而輪流值班的這些人和房務部的執勤幹部，都會因為工作的需求進出庫房和翻動庫房的物品。想想看，如果庫房這麼多的瑣碎物品都未能有效率管理，怎麼可能提供客人有效率的服務呢？本案例的發生就是錯誤的庫房管理所造成的惡果。

常用及重量較重的物品不應往高處堆放，取高處的物品應使用安全性較高的A形梯，當然，旁邊有其他幫手更好。

員工受傷應盡速就醫，以確保員工的安全。如果必須代為請假則請公傷假。

旅館面對意外事故的SOP

1. 掌握時效盡速送醫。
2. 接續完成未完成的工作。
3. 主管了解事情發生的原因，並確認員工因公受傷。
4. 主動爲員工提出公傷假申請。
5. 員工如果住院，主管應代爲申請住院慰問金，並代表公司探望。
6. 請員工安心養病，並代爲解決其他困難，包括公司及家庭。

旅館內部管理策略

1. 檢討員工作業程序，尤其是員工在高處作業，當需要借用梯子爬到高處工作時，應確認梯子的安全及固定，並且最好旁邊另有同仁協助。
2. 檢討庫房管理作業，主管應指定特定的人來管理，並賦予權力，其他人應遵守使用規則。否則，庫房在多人使用的情況之下，很難避免雜亂而無效率。
3. 庫房管理者，應將庫房內放置的物品分區放置。常用者放外面，拿取較方便；不常用者可放置偏僻角落。較重物品放下面，避免往上層堆放。
4. 每月須盤點，並將占空間、沒有用的東西移除。
5. 有價值、容易遺失的物品，例如，客人的有價值的遺留物應加鎖管理。

案例九 熱水管破裂

臺北的冬天有點冷。聖誕節前一星期晚上，XX旅館還是近客滿的狀態。許多商務旅客，還是希望趕著在過年前，能將全球的生意告一段落。Vincent Lee也一樣沒得閒，趕了最後一班飛機到臺北，抵達XX旅館時已近凌晨1點。他拖著已感冒又疲憊的身體，突然感覺臺北的午夜什麼時候變得這麼冷！

辦完Check in，進入自己的房間時，他還記得給行李員小費。將盡職的行李員打發走了之後，關上房門將整個身體埋入床裡，眞想好好睡一覺。但躺了一會兒卻沒有睡著，總感覺還有事情未做。想想還是起來沖個澡再慢慢想吧！

走進浴室沖完熱水後，突然感覺整個身體暖和了起來，精神也好了許多。正當他努力的將沐浴乳塗滿整個身體，並將整個身體好好刷洗完畢時，打開水龍頭，冰冷的水沖得身體怪不舒服的。他本來以爲熱水被自己不小心關掉了，於是試著將熱水龍頭全部打開。還是沒熱水。接著，他試了洗臉盆及浴缸的熱水，也都沒有熱水。

這時他有點不知所措，也有一點生氣。搞什麼？怎麼會沒有熱水？無奈之下，他只好拿起浴室電話撥給了櫃臺。一個男生的聲音，請 Mr. Lee 稍等一下，馬上會請人上樓檢查。

Mr. Lee無助的在房間內等了好久（大概半個小時吧！），終於有人來敲門了。Mr. Lee身上圍著浴巾，半裸的開門讓服務人員入房檢查。服務人員完成檢查確實無熱水後（大概十幾分鐘），服務人員告訴他請他再稍等一下，他下樓馬上處理。Mr. Lee 又冷又失望，猶豫了一下，馬上打電話給大廳值班經理，請大廳給他一個交代。

其實夜間經理在處理他的事情時，早已通知房務人員快速檢查、確認同樓層另一間空房是否有熱水。在接完客人電話後，房務人員來電報告該房間熱水沒問題。夜間經理於是指示房務人員盡速引導客人先到該空房，其他事情等客人洗完澡再說。

在客人洗澡的同時，房務人員也已請工程人員快速清查爲何客人的房間沒熱水。經清查發現，上一層樓的熱水管破裂，可能事故已發生一段時間，因爲該樓走廊已經積了相當多水，只是水管破裂是發生在半夜，還沒被發現而已。

還好沒多影響其他人，夜間經理在分別指示工程人盡速搶修後，房務人員也盡速排除現場積水，並請櫃臺在工程搶修完成之前，不再接Walk in的客人。

管道間

討論問題

Q1 水管為何會破裂？

Q2 如何快速解決房客的問題？

關鍵重點

1. 當意外事故發生時，永遠要關心會不會影響到其他客人。
2. 解決客人當下的需求。

案例解析

旅館有許多水管，給水管、排水管、熱水管、冷水管等，這些水管都可能因外力撞擊、扭轉而變形破損。其中最常見者為地震造成的扭曲變形而破裂。除了地震這種天然災害外，較常見的意外事故是施工意外及熱水管的熱脹冷縮造成的破裂。

當水管破裂的意外事故發生時，因大量水外泄而淹水是發現事故的常見現象。在白天發現者大都數為旅館員工，而本案例因為發生在半夜，客人因為沒熱水洗澡而發現。

當客人來電告知沒熱水時，第一時間通知房務部工作人員盡速至客房檢查到底是哪裡出狀況，這是旅館最直接了解、解決問題的方式。房務人員來到客房確認真的沒有熱水，而非客人不會使用旅館的設備後，除了快速通知客務接待，請工程人員準備檢查維修外，應思考快速解決客人洗澡的問題。

- 如果尚有空房，客務人員應請房務人員盡速到最近適當的空房，確認熱水沒問題後，速請客人移駕該房間完成洗澡問題。

- 如果已經沒有空房，也應該思考先帶客人至可以讓客人洗澡的地方洗澡，例如健身房。

- 至於客人洗澡後需不需要換房，則可請示客人的意見。

- 工程單位應盡速檢查出缺熱水的問題所在，並盡快完成維修作業。如果是熱水管破裂造成，修復的速度可能沒有那麼快，旅館可能要為其他可能再發生的客訴有所準備。畢竟，誰也沒有把握，這麼晚了，哪位客人還會受到影響。

- 雖然是半夜，但意外事故的發生，顯然已影響旅館的正常營運，不排除急召其他工程人員到旅館協助搶救。房務部負責積水的清理工作相對較簡單，可調配其他單位夜班同仁幫忙盡速清理即可。

旅館面對意外事故的SOP

1. 當客人通知房間無熱水時，除通知房務員盡速至客人房間處理外，應同時準備備用的客房。
2. 房務員確認客房無熱水後，應立即請房務員引導客人到備用客房洗澡。
3. 通知工程人員快速檢修。

4. 唯本案例因客務與房務員在接獲客人通知後，未先有所準備，而讓客人感覺久候才打電話給值班經理。
5. 夜間經理接獲客人電話時，應即時安撫客人，並告知馬上請房務人員帶他到備用的房間洗澡，其他問題等客人洗完澡後再說。
6. 夜間經理除了通知房務人員引導客人至新的房間洗澡外，應盡速追蹤工程人員的檢查情況。當掌握到是因爲熱水管破裂而造成，應可確認可能無法短時間內修復。爲因應可能有其他房客受到影響，應立即要求客務在熱水管未修復前暫時不可接Walk in 的客人。並請確認已配房，而尚未Check in 的房間熱水可正常供應。
7. 夜間值班經理應協助工程人員完成維修工作、房務人員完成積水清除復原工作，如有必要，應協助徵調其他單位人員協助。

旅館內部管理策略

1. 檢討爲何會讓客人等候那麼久。可以體諒客人當時的等待心情，感覺可能會較久。是客務通知較慢，或是房務部的值班人員不足，或太忙、工作量太大，抑或只是工作人員個人的怠忽職守？
2. 如果是人力配置有問題，應予以合理調整；如爲個人問題，則應再加強訓練。
3. 工程單位則應檢討追究水管破裂的原因：單純的熱脹冷縮造成或材質有問題？還是管線施工有問題？例如，水管連接處施工品質不佳造成事故。
4. 檢查其他水管是否有相同問題，如果問題是存在的，應趁機安排及早處理。

案例十 惡水事件

2005年5月，高雄某五星級旅館爆發惡水事件，當事人爲來自屏東的某位醫生。

該醫生自稱，在客房內取用一瓶完整尚未開封過的水（他很確定，因爲開瓶時有新瓶打開的感覺），喝了一口感覺喉嚨非常不舒服，而且有一股酒精的味道。爲了保護自己的權益，該醫生直接將該瓶水帶往警察局報案。

此事發生時間剛好是千面人在蠻牛飲料下毒後幾天，所以也特別引人注意。警察局更不敢怠慢，很快的，新聞馬上就上了電子媒體，隔天報紙也都大肆報導。更倒楣的是，另有消費者竟然落井下石，表示前不久也遇過類似情況，只是未報案而已。

這件事已發生，對飯店影響之大，令人難以想像。站在飯店管理者的立場上，應該如何處理？

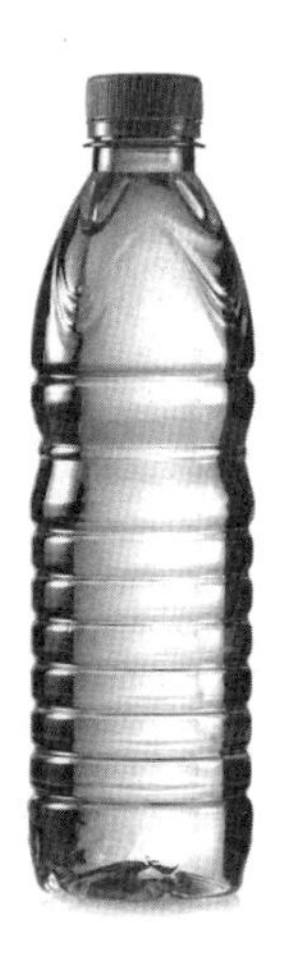

加封口膠的瓶裝水

討論問題

Q1 旅館客房Mini Bar 的安全管理。

Q2 重大新聞事件，旅館公關如何面對？

關鍵重點

1. 房務檢查工作。
2. 客人的背景。

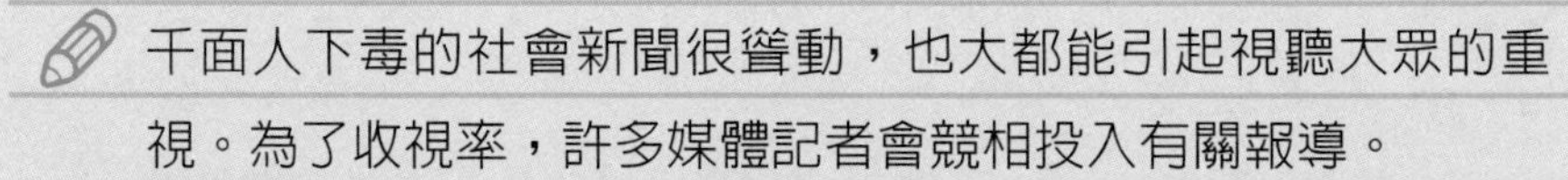

案例解析

千面人下毒的社會新聞很聳動，也大都能引起視聽大眾的重視。為了收視率，許多媒體記者會競相投入有關報導。

旅館千面人下毒事件之後一星期，發生客人到警察局報案，鐵定會是個好的新聞題材，會被各大媒體廣泛報導已是必然。

旅館總經理應召開緊急因應會議，與會成員至少應包括房務部及客務部主管、公關主管、大廳值班經理、安全室主管、採購單位及管旅館大倉庫的主管。

會議重點：1. 找出原因

2. 形成共識

3. 工作分配

公關面對媒體（飯店對外唯一窗口）

1.發生問題的水已全面下架，存封待查。

2.配合衛生局全面清查供應輸送流程，以及配合衛生局的清查水生產線的污染可能。

3.配合檢調的調查。

通常旅館應盡速派公關拜訪當事人，致慰問之意，並了解可能碰到的實際狀況。如果可能，也應一併探一探客人的意圖或動機。

準備配合衛生單位的檢查及檢警單位的調查，這會是接下來非常頻繁瑣碎的工作，旅館可能疲於奔命。但處理、回應不好，將讓旅館付出更慘痛的代價。

本案清查結果，工廠生產流程及配送過程應無被污染可能，問題可能出在前一位客人的習慣及檢查作業的疏忽。

旅館面對意外事故的SOP

1. 接獲客人投訴訊息後，旅館總經理應盡速召集旅館各相關單位開會，並分頭進行以下工作分配：

   客務部：查現任及前任客人的背景資料。

   房務部：訪查整理該房間前後兩位客人的工作人員，了解客人使用水的情況，以及領料配送過程。

   採購部：找到新的水供應商，並立即進貨上架，舊的水要全部下架、集中待查。

倉　庫：配合新貨入庫，舊貨清倉，並檢討入庫、出貨流程。

公　關：擬定新聞稿，準備召開記者會及接受各大媒體的訪問說明。

2. 公關召開記者會，誠實面對採訪，主動告知旅館已經將舊的水下架封存，並配合檢警及衛生局的調查。
3. 盡速掌握事故發生原委，包括內部調查及與當事人接觸，要向客人致意、道歉，並了解其意向。
4. 除了官方行政程序的配合處理外，因爲案例事故的發生眞的是旅館的疏忽所造成，宜盡速取得客人的諒解，並給予適當補償。

旅館內部管理策略

1. 檢討事故發生的原因：
2. 韓國客人有直接以瓶裝水稀釋酒當飲料喝的習慣。透明的酒水與礦泉水在外觀上是無法分辨的。而本案例發生事故的水剛好是一整瓶，所以，在外觀上看起來就像一瓶礦泉水，容易造成員工的疏忽。
3. 整理及檢查房間的人不夠仔細，未能發現該瓶礦泉水已經被開啓過，應加強實務上的訓練。
4. 瓶裝水要求廠商多加瓶口封膠。
5. 就上述情境加強訓練：
   ⑴ 認識韓國人的這項偏好，針對韓國人的房間加強檢查瓶裝礦泉水。
   ⑵ 落實檢查機制，尤其是瓶裝飲用水。當客人結帳離開後，工作人員一定要確認飲料瓶身正常、未被開啓過（增加瓶口封膠後就不會有此問題了）。

案例十一 Double check in

來自香港的張志凱先生，在下午4點左右C/I某飯店736房，張先生完成手續後取Key直接上樓，當他開門進房後，發現房間內有行李。十分鐘後，張先生至櫃臺要求換房，櫃臺接待Francise查核後，知道作業發生錯誤。736房早在兩個小時前就已經被賣給了葉先生，不知道是誰忘記將葉先生的資料輸入進電腦中，造成重複將736房給了張先生。除了盡速將葉先生資料輸入電腦外，也不敢多說，急忙另外抓了一個房間給張先生，暫時解決了現場的尷尬。直到晚上快10點多，原736房客人葉先生至大廳表示，他放置房間內的手提電腦不見了。經大廳副理約安全室及房務部主管，共同會商過濾錄影帶後，發現葉先生離開房間後，只有整理房間的房務員及張志凱先生曾進入該房。經查該房務員是資深員工應無問題，很明顯的是張先生進房時，除了肩上背了一個背包外，雙手是空的，而他走出房間時手上多提了一個手提袋。大廳值班經理判斷應是張先生取走該手提電腦，並決定直接問客人。張先生被詢問及有關電腦事情時，非常生氣直怪飯店怎麼可以懷疑他，越想越生氣，要求旅館總經理道歉。值班經理隨即將事故呈報總經理，總經理也認爲應該是張先生偷了葉先生的電腦，乃指示值班經理直接向警察局報案。在警方介入調查後，張先生仍然矢口否認，並堅稱該手提袋只是剛巧從自己背包隨手取出拿在手上而已。對於旅館的報警動作，張先生自己被當成犯罪嫌疑犯非常不能諒解。除了向訂房公司多所抱怨外，並放話旅館如不給合理交代，將不惜委請律師提告旅館誣告及毀損名譽。

客人櫃臺C/I

討論問題

Q1 Double C/I 如何產生？

Q2 Double C/I 後，如何處理？

關鍵重點

1. 監視系統可以證明什麼？
2. C/I 標準作業流程。

案例解析

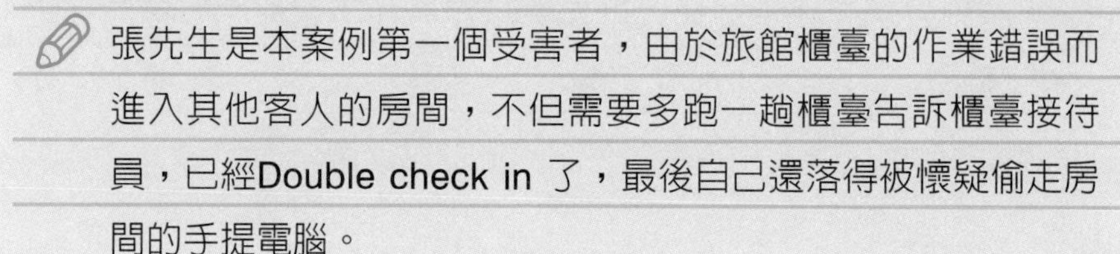

張先生是本案例第一個受害者，由於旅館櫃臺的作業錯誤而進入其他客人的房間，不但需要多跑一趟櫃臺告訴櫃臺接待員，已經Double check in 了，最後自己還落得被懷疑偷走房間的手提電腦。

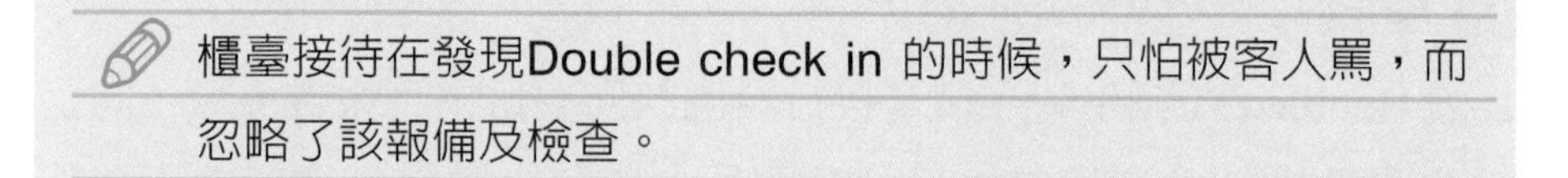

櫃臺接待在發現Double check in 的時候，只怕被客人罵，而忽略了該報備及檢查。

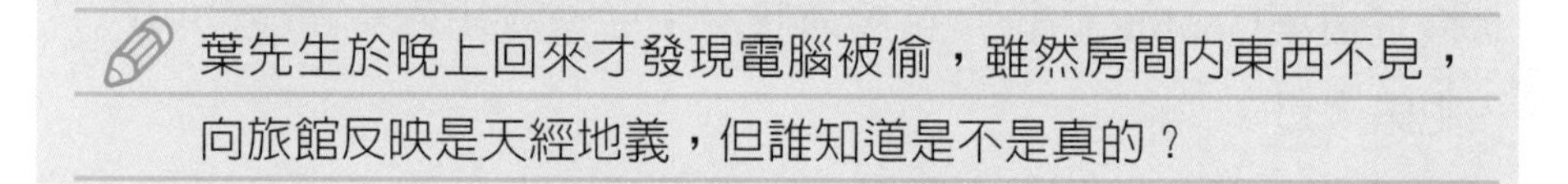

葉先生於晚上回來才發現電腦被偷，雖然房間內東西不見，向旅館反映是天經地義，但誰知道是不是真的？

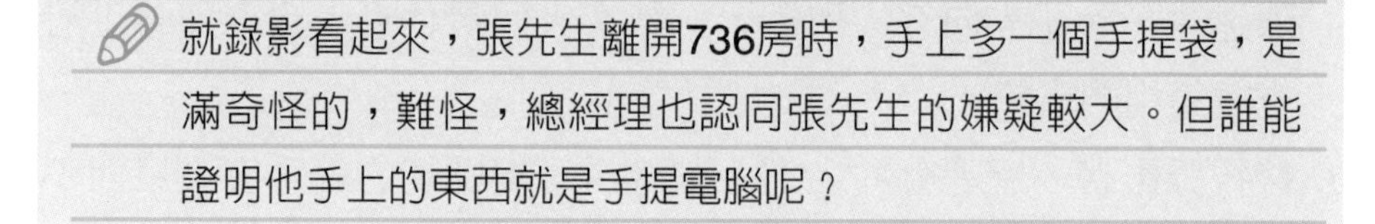

就錄影看起來，張先生離開736房時，手上多一個手提袋，是滿奇怪的，難怪，總經理也認同張先生的嫌疑較大。但誰能證明他手上的東西就是手提電腦呢？

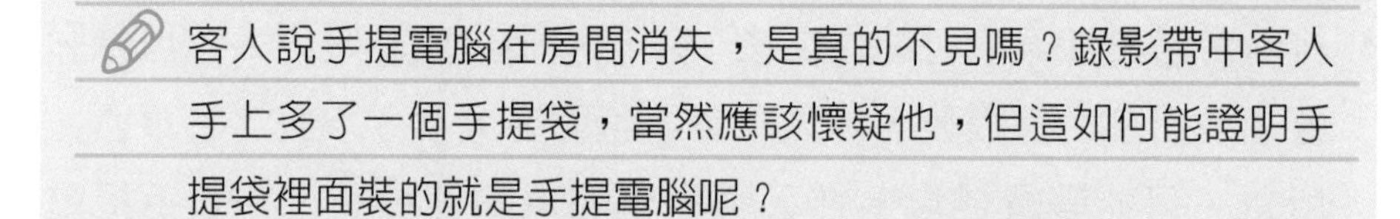

客人說手提電腦在房間消失，是真的不見嗎？錄影帶中客人手上多了一個手提袋，當然應該懷疑他，但這如何能證明手提袋裡面裝的就是手提電腦呢？

案例中，值班經理及總經理均一致認定張先生是偷竊者，因而直接詢問客人，這是非常危險的動作，試問如果客人真的是涉案者，他會承認嗎？更何況有可能不是他。應該想辦法找到證據——實體手提電腦才能算數。如果張先生真的偷了手提電腦而早一步將電腦攜出旅館處理掉，恐怕也無法定他罪，畢竟他之進入其他客人房間是旅館作業疏忽造成的。

在這種情境下，報警可能也是無濟於事，事情鬧開了，只會更加傷害旅館形象而已。如果未能找到手提電腦情況下，旅館只好認了。宜盡快找到作業疏忽者並與葉先生直接商談賠償事宜。

旅館面對意外事故的SOP

1. 當Double C/I 發生時，櫃臺接待員應該向值班主管報告，除了向張先生致歉，並快速安排另一房間外，應請大廳值班經理與房務部檢查被誤Double C/I的736房內狀況，並速查出作業疏忽的原因及犯錯人員。
2. 當葉先生來告知房間內手提電腦不見時，值班經理在了解葉先生陳述後，除了先向客人道歉，並請客人回房休息，應立即著手清查收集相關事證。
3. 檢視錄影帶，確認哪些人進入該客房；更貼切的說，客人東西不見之前，到上次他還看見東西期間，誰進了房間？
4. 排除房務員涉案的可能性之後，就只剩張先生嫌疑最大，但錄影機上多出來的手提袋，仍然不足以證明客人拿了不該拿的東西。所以，只能等待機會，進入張先生的房間搜尋是否有該手提電腦。
5. 如果有機會在張先生房內搜尋到該電腦，務必請葉先生確認無誤後，在取得葉先生的同意下報警。
6. 如果找不到該手提電腦的情況下，只有找失主葉先生洽談賠償事宜。
7. 在無法證明張先生犯案的情況下，報案已經造成張先生的傷害，處理彌補張先生的問題反而變成本案的重點。

8. 盡速派業務人員從張先生的訂房公司下手，除了必要的道歉及解釋說明外，盡量爭取協助安撫客人。
9. 總經理應直接面對客人，回應客人的問題和需要，以避免客人眞的採取狀告旅館的策略。

旅館內部管理策略

1. 檢討事故追究的責任：
   未將已登記完成的葉先生訂房輸入電腦是造成事故發生的主因，找出肇事者加強訓練，以防再犯。
2. 接待人員發現作業錯誤，尤其是像Double C/I應立即反映，並追蹤可能發生 的後遺症。整個流程應更加明確，以防再犯。
3. 檢討值班經理處理事故能力，應予以再加強訓練，如有適當替換人選應可暫時調離現場。
4. 加強員工訓練，證據會說話，如果沒有十足把握的證據，所有看似合理的推斷，只能當參考。本案例的報案動作是危險嘗試，管理者應學習找尋證據的能力，並相信只有證據才是眞實的。

名詞釋疑

Double check in

其英文原意為重複登記，在旅館中就發生於櫃臺接待人員，重複將一個空房，賣給不同的兩個人。這是非常危險的作業失誤，後一位客人會誤闖已經有住客人的房間。這樣的櫃臺作業失誤，會將兩位客人推向不明危機中。

案例十二 房客打架事故

藍特派是某大媒體南部新聞中心的主管，雖然已經定居高雄，但因公務關係常常北高兩地跑，也常因公務需求而必須留宿臺北。臺北XX國際觀光旅館是藍特派多年來已經習慣住宿的旅館，少則一天，多則一星期，藍特派早已是該旅館工作人員非常熟的常客，旅館早已將他視爲重要貴賓。就在一次藍特派登記住宿一星期的第二天下午5點多，一位自稱藍太太的女士到櫃臺，她出示了身分證，證明她是藍太太，表示先生尚在開會中，她必須先進房間。櫃臺接待員在確認身分無誤後，就製作了一張新的房卡給了藍太太。藍太太走了後，櫃臺還是和往常一樣一直忙碌到近晚上8點。直到藍特派氣急敗壞的站在櫃臺前質問，是誰讓他太太進房間的。經請大廳值班經理出來了解後，才知道原來藍先生早就與太太感情出了問題，最近正要協議離婚，太太不同意，所以藍先生才藉故避居臺北。今天藍先生開完會，偕女友吃完飯後，回旅館開門進房間被出現在房內的太太嚇了一跳，接下來產生的兩個女人的戰爭，已非藍先生可以控制，氣得藍先生跑到大廳質問是誰讓他太太進房間！而現在兩個女人的戰爭，仍然在房間內進行，藍先生要求立即給另一間客房及讓他太太消失。值班經理二話不說，請櫃臺立即拿了另一間客房給藍先生，並請藍先生回房休息。隨後值班經理召集房務及安全室主管，一起至原來藍先生客房，發現房門是開的，房內已經亂七八糟，兩個女人仍在互相謾罵對峙中，附近房客中有人探頭，有人竊竊私語。值班經理進入房內，請兩造暫停對話，同時告知藍先生已經退房離開，也請兩位離開此房，否則本旅館只好報案，請警察來處理了。兩位女士短暫停止吵架之後，藍太太悻悻然離開在先，另一位女士也二話不說離開在後。看著凌亂的現場，值班經理只能請房務部先估計維修費用，再看看是否請藍先生賠償了。至於藍先生的所有私人物品也請房務部代爲整理後，送至新的房間。雖然解決了兩個女人的問題，值班經理還得傷腦筋如何面對藍先生及回應藍先生的問題。

客房鑰匙卡

傳統客房鑰匙

討論問題

Q1 藍太太可以要求進先生的房間嗎？

Q2 藍先生應該賠償房內的毀損費用嗎？

關鍵重點

1. 住客的隱私。
2. 鑰匙的安全管理。

案例解析

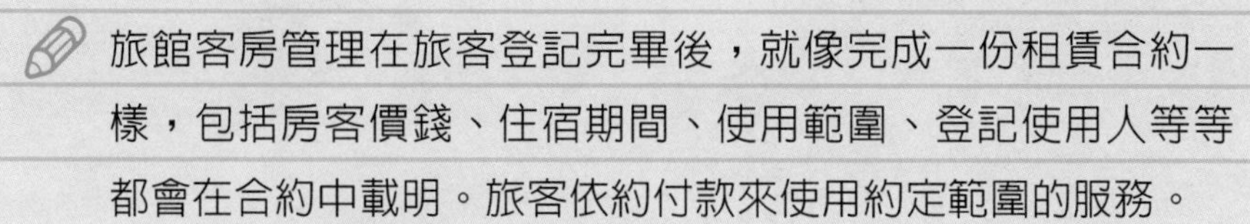

旅館客房管理在旅客登記完畢後，就像完成一份租賃合約一樣，包括房客價錢、住宿期間、使用範圍、登記使用人等等都會在合約中載明。旅客依約付款來使用約定範圍的服務。

藍太太並非合約中登記的住宿客人，旅館不應該因為她是客人的太太，就可以享受旅館提供的服務。所以，櫃臺在未經住客的授權下讓藍太太進房間就是作業錯誤，損害住客的權利。

房客的毀損原應向客人請求賠償的，但由於事故的發生導因於旅館的作業疏忽，客人沒道理為此付出代價。

將藍先生視同為換房，客務與房務各自完成換房作業即可。

旅館面對意外事故的SOP

1. 事故已發生，當客人站在櫃臺時，櫃臺只能加速作業，給客人另一個房間。另外，速通知安全人員與房務部派人至客人原來住的房間，以免事情傷害擴大。
2. 向客人說明藍先生已經離開，並表明旅館希望她們離開現場。
3. 客務人員估算旅館損失後，逐一整理復原，屬於藍先生的物品於整理後送回新的房間。
4. 客務完成電腦換房作業，完成內部交班作業，以防類似事情再發生。

5. 大廳值班經理繼續與藍先生聯絡，報告客房處理狀況，並隨時回應藍先生的要求，例如藍先生追究責任。

旅館內部管理策略

1. 找出犯錯者，並了解犯錯的原因。原則上不能讓未登記者進入，如果犯錯者不熟悉表示訓練有問題。如果是明知故犯那就眞的該檢討了。
2. 追究犯錯的責任，給予應有的懲處以示警告，以免再犯，危害到客人安全。
3. 檢討監控室，監控室是否應該監控到該客房附近狀況，如房門打開、吵鬧都很明顯已經影響附近房間，這些客人探頭探腦的情況監控室看不到嗎？不應該反映嗎？
4. 藍先生個人的歷史檔案，應明白記錄此次發生事故的情境，讓櫃臺人員都知道藍先生的情況，以免類似事情再發生。

案例十三 跑帳事故

某個淡季的下午，XX國際觀光旅館來了一對香港人，帶了兩個還未上學的小孩子來登記住宿。由於是Walk in，所以，櫃臺人員還多聊了一些話，了解客人的情況。原來先生是藉著出差臺灣之便，順便帶小朋友出來觀光。剛結束臺北的工作，經臺中玩到高雄，由於沒時間壓力，所以採取走到哪裡玩到哪裡的方式。登記完後與櫃臺先確認住宿五天，房租一天四千二百元，先生表示身上有一些臺幣想把它花完，不想用信用卡付款，於是先繳了三萬元整押金給了櫃臺。開了收據後，櫃臺人員請服務中心行李員，協助將客人兩大兩小件行李送到1311客房。行李員送抵客房後先生給了二百元小費，感謝他的協助。接下來每天早餐後，客人開著租來的車子，帶著一家四口四處去玩。早出晚歸，晚餐也都會回到旅館各餐廳使用。由於先生出手還算大方，人又風趣，很快的跟大家都混得很熟，櫃臺人員也常收到她們夫妻從外地帶回來的各式各樣特產食品、紀念品。尤其是服務中心的行李員更是視他爲財神，進出開車取車出手就是二百元小費。慢慢的五天過去了，第六天早上櫃臺主管在他們要出門時，就隨口問他們：「今天會繼續住嗎？」客人回答：「是啊！還不確定是哪天走呢！」第七天早上主管再碰到他們時，看著他們不像要離開的樣子，直接就告訴客人說：「我再多幫您延一天喔！」再接下去就不再有人去問客人要多住幾天了。原來爲了省麻煩，竟然有人將客人的住宿日期直接往後延了一個星期。就在一個星期過後，櫃臺人員在核對房況報表時，發現該房間竟然外宿（Sleep out），乃請房務部確認是否行李還在，房務辦公室查核後的回答是房間內還有大行李和衣物。櫃臺人員雖然感覺怪怪的，卻也沒多說。但第二天早上的房況報表再出現該房外宿時，櫃臺人員發現不對了，因爲大家與客人都很熟了，他們是外出旅遊的人，怎麼會兩天未回旅館睡覺呢？通知了大廳值班經理，會同了房務部主管直接到房間檢查。發現房間有一件上了鎖的大行李，衣櫥內有幾件簡便衣服。值班經理回到大廳，立即向客務部經理報告了狀況，客務部經理刷出該房間所有的帳，發現除了已結掉的三萬元押金外，客房帳內已經累積了近十萬元的房帳。越想越不對，客務經理約了安全室主管及值班經理，再次直接進房間再確認一次。看完房間，客務經理心裡有數，馬上通知工程部找來鎖匠，當場將行李鎖打開，發現行李箱內只有幾本雜誌與一些舊報紙，顯然客人已逃之夭夭。客務部經理嘆了一口氣，請安全室向管區報案。

大門口客人上車照

行李架上的行李

論問題

Q1 該收多少預付款才夠？

Q2 客人如何蓄意瞞騙旅館人員？

Q3 客務部如何管理房客帳？

關鍵重點

1. 沒有信用卡就是沒信用。
2. Walk in 客人較容易出事。
3. 簽帳的機制。

案例解析

「沒有信用卡的客人就是沒有信用的人」，這句話雖然不見得一定成立，但對於旅館管理者而言，一定要把它奉為圭臬，不然麻煩就大了，這就是活生生的例子。

雖然多收了兩三天的預付款，其實仍然未能確保旅館的債權。本案例中，後來一個多星期，客人在旅館的消費每天平均一萬元上下，多收幾天的房租根本不夠他們兩天的簽帳。

客人家庭旅遊的形象在旅館管理印象中，從來都不可能會是逃帳的對象。人多、加上行李也不少，誰會想到他們蓄意逃帳？更何況客人蓄意營造了自己是好客人的形象，充分瓦解了旅館工作人員的戒心。

旅館因處於淡季中，因而鬆弛了櫃臺人員對Due out房間的控制。正常的情況下，櫃臺應指定專人追蹤每天的Due out房間。如果客人須延長住宿，櫃臺人員會在有空房，帳沒問題的情況下才會同意讓客人續住。而所謂帳沒問題，就是客人記了多少帳，是否該請客人先結帳或加繳預付款。

櫃臺工作人員因為認知中的客人不會有問題，而將例行作業便宜行事，當有人將客人的住宿期間直接延長一個星期，那就意味著這個星期間，可能就不會有Due out的檢查控制問題。

旅館應該都會有查帳的機制，當客人掛帳超過一定的額度（依旅館而定，如臺北的旅館五萬、高雄的旅館三萬），就會請客人先把帳結掉。案例中並未提及這段作業，該旅館如有此項作業機制，也可能因櫃臺人員的偷懶或不好意思，請認知中的好客人下來結帳而忽略掉。

旅館面對意外事故的SOP

1. 嘗試各種方式聯絡客人，雖然客人是Walk in 進來，可能登記資料不會有聯絡電話、網址等信息。還是得盡力從房間中或通訊電話找可能的機會。
2. 由於住房率不高，該房間應可暫時保持現狀，房租歸零即可，等待幾天看情形再處理。
3. 應向管區備案，即通知警方住宿本飯店的香港客人，一家四口已經兩天未回，由於是香港人，可請警方查是否有離境資料，甚至可查是什麼時候入境，也許該客人有雙重國籍也說不定。
4. 透過各管道確認客人不會再回來，在正式通知警方配合見證後，將客人遺留物品打包清出，暫時封存庫房。
5. 與警方保持聯絡，持續追蹤該客人。

旅館內部管理策略

1. 檢討追究單位責任
   (1) 誰將Due out日期直接延長一星期？
   (2) 誰負責客房帳務追蹤？
   (3) 整理與檢查房間者，為何未反映客人的行李越來越少？
2. 加強訓練
   (1) 如果客人有信用卡，但最後希望付現，可請客人先刷卡，可免收預付款的麻煩作業。

(2) Due out的標準作業流程。

(3) 客房帳務追蹤處理標準作業流程。

(4) 房務工作應更關心客人住宿期間房間內的所有變化，如行李減少。

3. 找出該房客所有錄存的影音檔案，研究客人所有行為舉止，從中了解其犯罪模式。並提供客人相關資料供警方參考，與同業互通相關訊息，利人利己，降低業界再遭受傷害的機會。

名詞釋疑

Walk in

在旅館專業用語中，是指未經訂房，直接走到櫃臺登記住宿的客人。

由於未訂房，所以未經訂房再確認程序，少掉一次訂房再確認，就減少了一次安全查核的機會。因此，在櫃臺標準作業流程中，會針對Walk in的客人做特別管控。

Due out

其全意為訂房、預定結帳、離開日期，在客務作業中，為每日例行檢查作業非常重要一項工作。通常會有幹部被指派在check out time到之前，刷出Due out報表，而核對報表的重點在於，房間需求的控管及客房帳的查核。

案例十四 員工竊取櫃臺零用金

跟往常一樣何經理早上8點就已進入了辦公室。由於旅館剛正式開幕營運不久，所有員工和作業都還在磨合中。雖然，住房率還不高，但雜事還不少，手上客務的Log Book都還沒看完，櫃臺組長Joyce就走進辦公室，臉色有點蒼白，何經理還以爲Joyce身體不舒服想請假。沒想到Joyce卻說：「出事了！」何經理看著Joyce蒼白的臉，心裡也揪了一下。「到底發生什麼事？」何經理問道。「早班的零用金少了10萬元。」Joyce說。原來今早7點上班的Jessieca接了出納工作，從大夜班接手過來保險箱中的二十萬零用金，並未在交接的過程中對點。由於今天早上有點忙碌，忙碌中發現現金好像有點少，等忙碌告一段落後，Jessieca清點了現金才發現少了一半十萬元。Jessieca搜遍了可能的地方，翻遍了櫃臺所有的櫃子抽屜就是找不到。只得向組長報告，Joyce緊接著也陪同清點後確實少了十萬元。何經理聽完報告，一方面請Joyce查是否有人借錢或有借據。自己則找來Jessieca了解一下情況，Jessieca承認從大夜班交接的零用錢並未與大夜班負責管錢的同事對點。隨後何經理打電話找到昨夜大夜班負責管錢的小吳，確認他從晚班人員手中接過來的零用金也並未對點，自己下班交給早班人員也是未當面對點。何經理心裡有點生氣，明明規定交班零用金一定要當面點交清楚的。現在好了，前後班都未做點交的動作，那到底錢在什麼時候不見的？由於時間才8點多，不方便在電話詢問昨天晚班出納，思考了一下，何經理決定從最笨的方法下手：打了電話給安全室主管，請他準備昨天晚上8點之後到今天早上7點的櫃臺上方監視器錄影帶。何經理將事故向總經理報告後，隨即進入監控中心，以最笨的方式尋找可疑的線索。櫃臺上方的監視器剛好對著保險箱室的入口，櫃臺的零用金就放在保險箱的櫃子內。快速檢視完所有的錄影帶，已接近下午1點，卻不見任何直接明顯拿錢的影像。只有一個鏡頭在何經理腦海裡非常深刻，就在晚上10點11分，晚班林姓男組長在保險箱室門內，頭往外看後再看了手腕上的手錶。就這個動作，何經理心裡有數，認爲就是他的嫌疑最大。隨即分別與昨天晚班所有人員包含林組長以電話聯絡，何經理希望能還原昨天晚班的情形。首先，何經理把櫃臺十萬元零用金不見的事告訴大家，並特別與晚班出納Linda確認了，晚班交接大夜班的零用金是沒對點的之後，何經理再與林組長等四個晚班同仁個別談了話，了解了同事們對此事故的了解與想法。最後，得到的結果是四個人都對此事一無所知，管出納的Linda倒是嚇哭了，林組長也表現得一派鎮靜，一無所知的樣子。何經理心裡明白，這不施點小手段，是無法讓他認罪的。完成電話訪談後，何經理打電話給大夜班小吳，小吳與林組長兩個平時玩在一起，是非常親近的同事兼朋友。請小吳告訴林組長，公司已掌握錄影帶中某些關鍵鏡頭，所有資訊都指向林組長嫌疑最大。本來公司也決定報警，但考慮到爲了十萬元，讓一位年輕有爲的員工就此有了犯案紀錄，這會毀了他的一生。經理同意，如果是他犯的錯，只要認錯，把錢送回來就好。下午3點交班之前，如果沒有得到確實的回音，公司就會向管區警察局報案。報案後就再也來不及了，警方只要依據旅館提供的資料，犯案者絕對逃不掉。何經理打完電話，不到一小時就在下午2點之前，林組長自己打了電話給何經理，表示自己因爲朋友急需用錢而挪用了櫃臺零用金，除了表示抱歉之外，也感謝經理的寬宏大量，讓他有機會回頭，錢會在明天中午之前送回飯店。何經理與林組長通完電話，心中總算安心一些，接下來該忙的是盡快完成結案報告，親自向總經理報告，並自請處分了。

櫃臺保險櫃

保險櫃室入口上方的監視器

討論問題

Q1 櫃臺為何需要零用金？零用金多少才夠？

Q2 誰可以動用零用金？

關鍵重點

1. 零用金的交接清點。
2. 盤點機制。

案例解析

旅館櫃臺作業中有出納作業這一環，它的內容除了客房結帳工作外，匯兌及信用卡借錢都是工作的一部分。所以，必須準備足夠的現金以應付房客的兌換需求。通常客房數越多需備用的零用金也越多，尤其是商務旅館，本案例中現金遺失十萬元，其櫃臺備用零用金是二十萬。

較小型旅館因零用金較少，其管理方式可能會將總數交由早班、晚班、大夜班三班交班保管，即早班點交給晚班，晚班點交給大夜班。較大型的旅館因零用金數量龐大，其管理方式可能會將總金額分成三部分，分別交由早、晚、夜三班各自管理，每班組員再輪流當出納。

本案例看來應屬較小型旅館，總數交班保管，但不管如何，負責管理錢的人，在接班的時候，務必與交班人當面把錢清楚點交，不當面點清就極可能會讓有心人有機可乘，本案例就是個明顯的例子。

發生員工偷竊的案例，旅館通常會循內部管道清查處理，除非涉及客人且情非得已，否則旅館少有報警的案例。本案例中林組長如果還是不承認或是根本不是他做的，那旅館可能真的要傷腦筋是否該報案了。

管錢的出納，上班時就應該堅守崗位，把錢看緊，短暫離開現場，應將抽屜上鎖後，將鑰匙交由現場主管保管，櫃臺工作人員只要不是擔任出納工作者，就不應該碰錢，以避免瓜田李下。本案例林組長並非負責管錢的人，卻有機會取走保險櫃的錢，可見管理是有漏洞的。

旅館面對意外事故的SOP

1. 發現零用金短缺，馬上向主管報告，現場主管確認後呈報經理。
2. 經理聯絡相關人員，含昨天晚班、大夜班工作同仁。了解各班上班情況，重點是零用金的交接，了解可能的遺失時間點。
3. 調出相關錄影帶，找尋蛛絲馬跡，鎖定可疑對象，再透過員工系統找尋出涉案人。
4. 追回遺失款項，請涉案人自提辭職。
5. 完整報告呈總經理，客務經理自請處分，為監督不周負責。

旅館內部管理策略

1. 追究監督不周責任，除了經理自請處分之外，晚班、大夜班值班幹部，應爲員工交接未當面點交零用金，負起監督不周的責任。

2. 同時加強訓練保管零用金者，應謹愼保管，如若較長時間離開現場，應將放錢的抽屜或保管櫃上鎖，鑰匙可先請現場主管代爲保管，如果現場有零用金的需求，即由主管監督下開鎖使用零用金。
3. 涉案人自請離職後，人事單位應在人事檔案註記「永不錄用」。
4. 封鎖對外信息，嚴禁內部再傳遞該信息。
5. 思考增設保險櫃室內監視系統的可行性。

名詞釋疑

零用金

旅館為了方便各單位，小額購買單位用品，通常都會由財務單位，為各單位準備固定數額零用金，各單位則於交易後，直接以發票向財務單位核銷。櫃臺作業內容中，有出納結帳及外幣匯兌，需要較多的現金周轉。所以，財務單位為櫃臺準備的零用金會比較多，一般國際觀光旅館少則十幾二十萬，多到百萬也不足為奇。

案例十五 旅館工地意外事故

早上10點多，某旅館籌備施工中的工地突然傳來騷擾的人群聲，原來散布在工地各角落的工人，突然聚集在工地辦公室附近，談論著施工電梯夾死人的事件。

原來工地辦公室，突然接到一位工人的通知，他在九樓看見施工電梯下方夾了一個人。工地主任二話不說，到現場快速將人救下來，卻發現傷者已無呼吸心跳。工地主任除了找來同事一面幫忙，以不甚熟悉的方式做CPR救人外，一方面打了電話向119報案求救。二十分鐘後救護車來到現場接走傷者，最後搶救無效。經查知死者爲一大學工讀生，其工作爲工地的清潔，雇主爲旅館的包商。

工地施工電梯

著安全工作服的工程人員

討論問題

Q1 工地主任的處理方式對嗎？可以更好嗎？

Q2 如何做善後處理？

Q3 為何發生此不幸事故？可以避免發生嗎？

關鍵重點

1. 首先應先了解工地施工電梯的使用規定。通常施工電梯都需要有特定的人開電梯，而工地電梯更應有所謂的使用管理規則。例如：與本事故可能有關的使用管理規則。
   (1) 電梯鑰匙的管理登記
   (2) 開電梯者應控制電梯的載重、人數
   (3) 電梯使用時間及管制上鎖

2. 施工電梯周遭的安全防護
   (1) 遠離電梯的安全告知
   (2) 電梯通道的隔離防護
3. 工地安全及安全訓練
   (1) 工地安全基本配備：安全帽、安全鞋
   (2) 工人進出工地檢查及提示
   (3) 新進工人的安全施工規範告知
   (4) 工地包商的安全責任溝通再提醒

案例解析

旅館籌備處與工地辦公室是互不相隸屬的兩個單位。工地的安全維護工作屬於工地辦公室，旅館籌備處員工，因工作需要進出工地，應接受工地辦公室的規範管理。

事故發生時，電梯中應無人，所以電梯下方夾人的情況，才會由其他工人發現告知。電梯在無人駕駛的情況下，為何會動？駕駛人若要離開現場，為何未將電梯上鎖？

各樓層電梯口，理應有一道門隔離，並於電梯停妥之後，要搭電梯者才能開門，並由駕駛電梯者開電梯內門讓搭電梯者進入車廂。在此案例中，發生事故的唯一解釋是電梯在下降的過程中，受害者是自行打開防護門站在電梯通道，仰望電梯下來的情況下，被電梯下降的力道所夾住。除非能證明有人推動受害者，否則只有受害者站在電梯通道等候電梯，仰望車廂下降時，因恍神而受害能解釋。所以是否有第三人加害，成為本事故的追查重點。

事故發生後，讓許多不相干的人知道於事無補，只會增加處理的困難度，也會增加現場的施工壓力。

受害者是包商雇用的工讀生，工地意外發生旅館和包商都有責任。而工讀生的家人一定無法接受，妥善處理後續事宜，成為雙方的共同負擔，除非能證明有加害的第三者。

旅館會是較大的目標，不能只期待包商出面處理、掌握與受害者溝通處理賠償事宜，以免事情未妥善處理而影響旅館未來營運。

旅館面對意外事故的SOP

1. 請工地主任封鎖現場，並嚴禁信息的傳播，以免影響工地工人情緒，也就是讓越少人知道越好。
2. 協助工地主任對受害者進行必要的施救，如：CPR。同時打119請求派救護車協助，爲避免引人側目，可請求救護車來工地之前將鳴笛聲關閉。
3. 由於可能是凶殺案，應速向管區報案。
4. 迅速通知受害者家屬，並協助處理後續事宜。
5. 協助工地主任、救護車及警方處理現場。

旅館內部管理策略

1. 要求工地主任查詢事情原委及責任追究。
   (1) 電梯駕駛爲何離開現場？
   (2) 離開現場爲何電梯未上鎖？

⑶ 掌控發現者，並了解發現現場的狀況。

⑷ 追究包商的責任，了解包商對工人的安全訓練。

2. 配合工地主任確實落實檢查與改善

⑴ 改善與包商的溝通協調

⑵ 協助包商落實安全訓練

⑶ 落實施工電梯管理規則

⑷ 協助工地主任改善工地環境安全

3. 後續追蹤處理

⑴ 協助包商完成賠償事宜（保險事宜）

⑵ 協助受害者家屬完成喪葬事宜

⑶ 辦理必要的安全訓練

⑷ 辦理其他相關事宜，如必要宗教儀式、法會等

案例十六　洗窗機脫落事故

在一個陰天有風的午后，某大旅館正進行旅館外牆及玻璃的刷洗，施工中的吊車纜線突然鬆脫，造成車身傾斜。吊車上的工人卡在車上下不得，車上清潔工具及清潔劑散落掉地，灑落的清潔劑還波及路上行人，不幸中的大幸是無人受傷。

固定吊掛屋頂的洗窗機

臨時吊掛牆外的洗窗機

討論問題

Q1 洗窗作業的施工日，需要選擇嗎？

Q2 吊車纜繩鬆脫，可以避免嗎？

Q3 吊車上掉落的物品，可以不傷及無辜嗎？

關鍵重點

1. 大樓外牆
   (1) 吊車安全
   (2) 氣候考量，風大會影響施工安全
   (3) 高空作業證照
   (4) 會影響住宿客人
   (5) 地面上會受到影響
2. 旅館大樓玻璃的清潔方式
   (1) 清潔工以手伸出窗外擦拭乾淨
   (2) 以吊車垂吊方式由人工從戶外擦拭沖洗

案例解析

首先應了解造成吊車纜繩鬆脫的原因：

1.如果吊車是旅館大樓固定安裝在屋頂的設備，應了解施工前是否工程部門曾先完成檢修動作，並測試安全無慮。

2.如果吊車是機動性為施工而安裝，則除了機械的檢修外，尚須了解安裝固定吊車的動作是否完整，並應預測安全無慮。

當天風大是否為影響纜繩鬆脫的因素？

施工工人是否操作不當而造成吊車鬆脫？

旅館面對意外事故的SOP

1. 封鎖現場，由大廳值班經理出面處理被波及的行人，賠償洗衣費及慰問金等。如未能當場處理，應留下受害者聯絡方式，再進行追蹤處理。
2. 迅速以最安全的方式救下吊掛在半空中的工人，以避免現場的民眾圍觀。
3. 清理後之現場，如有污染應速清除。
4. 由公關人員統一面對媒體。

旅館內部管理策略

1. 查內部作業流程，追究責任。
   (1) 洗窗作業流程中，是否知會相關單位？
   (2) 相關單位是否就各自工作範圍完成工作？
   (3) 涉及機械的檢修，通常是工程單位的責任，事故發生的原因，是否工程單位，在檢修作業中疏忽了哪些細節？是否有維修完成後執行再確認動作？
   (4) 如果有涉及廠商的維修，則廠商管理的作業流程中，找出應有的疏漏。
   (5) 如果氣候是影響的因素之一，負責選定執行日期的單位，應負選擇不當的責任。

(6) 如果是施工工人的作業不當造成，應另行追究廠商的責任。

2. 檢討與改進

(1) 更慎重的參考氣候報告，以選擇適當的作業日期，執行當日如風大或天氣不對，應立即停止作業以策安全。

(2) 工程外包同時，應與廠商確認所有施工規範，並釐清責任歸屬。以明確的規範，要求廠商配合安全完成洗窗作業。

(3) 負責執行洗窗作業的單位（公共清潔的管理單位，通常屬於房務部），應以正式簽呈提出洗窗作業，知會相關單位並於簽呈中載明各單位各應付責任及工作任務，如：

① 施工規範：工程部、採購部

② 施工機械檢修及監督：工程部

③ 地面安全管制：安全室

④ 客房管制及通知：客務部

⑤ 其他區域管制及通知：房務部

(4) 落實執行作業中的檢查，如每日開工前工程單位例行檢查機械設備及施工人員是否爲具備高空作業資格。

(5) 地面安全管制範圍盡可能擴大，以確保安全。

案例十七 旅館的火警事故

某家位於市中心的國際觀光旅館，某日早上4點多，靠馬路大樓一樓突然冒出一陣陣白煙，路上早起的行人好心通知了旅館人員。夜間經理接獲通知後，會同安全人員找尋檢查煙的來源，發現大樓地下四樓已經濃煙密布，在無法再更深入現場的情況下，根本無法掌握現場到底發生了什麼事。退回大廳的值班經理思考後，做了兩件事：第一件，命令總機速向消防單位報案，請求支援。第二件事是打電話向總經理報告。在聽完值班經理報告後，總經理指示全力配合消防隊執行任務，但不用疏散房客。消防車於十五分鐘後抵達，經引導消防人員直達地下四樓，經專業消防人員進入現場檢視後，發現地下四樓管道間電纜線走火，並造成在管道間內的悶燒，因而造成大量冒煙，悶燒情況很快就被消防隊撲滅控制。5點不到消防人員即撤出現場，濃煙也慢慢的於5點30分以前全部排除。清晨時分，大部分附近居民及房客都還在睡夢中，並未受到任何干擾。早上約莫8點半以後，大廳陸陸續續來了許多記者，除了要求了解更詳細經過之外，多位記者都提出強烈質疑，旅館大樓已發生火警，為何未疏散旅客。大廳工作人員含服務中心及櫃臺人員，大都以不知道或請找大廳值班經理回應。

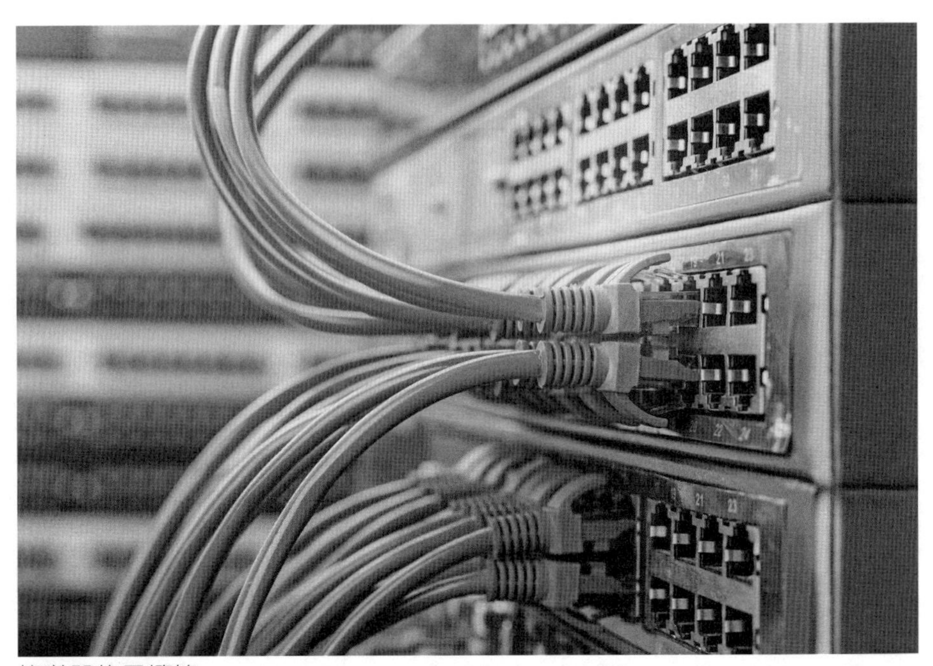

管道間的電纜線

旅館消防授信主機

討論問題

Q1 既然已經報警，為何不疏散客人？

Q2 值班經理決定報警的決策對嗎？

關鍵重點

1. 旅館能掌握現場狀況嗎？旅館可以控制嗎？
2. 疏散客人會付出哪些代價？成本有哪些？

案例解析

煙霧瀰漫，從地下四樓到一樓，可見管道間的悶燒已有一段不短的時間，旅館的工作人員竟然都不知道，可見旅館的巡邏及監控系統都出了問題。

夜間經理發現地下室濃煙密布，現場狀況顯然也非自己能力所能控制，決定報警尋求專業支援的決策應該是對的。

該旅館客房在十五樓以上，因出事情的樓層在地下四樓，如火警成災，可能影響客房的機率並不大。且早晨4點多，大都數客人仍在熟睡中，疏散客人恐怕紛亂中，難保不會造成意外事故。所以，決定不疏散客人的決策也是對的。

消防法規，規定火警發生應該疏散客人，因此媒體記者的詢問已屬必然。旅館如何小心回應，已是專業旅館公關人員的任務了。

旅館面對意外事故的SOP

1. 夜間經理

  (1) 接獲報告後查監控系統及現場，確認火警狀況。

  (2) 在確認無法控制現場後，一方面命令總機報警，一方面報告總經理及客房部門主管。

  (3) 通知各單位值班人員備戰，並隨時支援大廳準備救災及疏散客人。

  (4) 在消防人員到達，引導至事故現場後，指揮所有工作人員等候命令，配合支援消防隊作業。

  (5) 配合消防隊現場作業調度，直到狀況解除。

  (6) 完成現場狀況解除，安排消防隊退場，並指揮完成現場清理工作。

  (7) 完成火警處理報告，詳細記錄處理過程及追蹤交班事項。

2. 早班值班經理

  (1) 完成交班作業，了解事故發生及處理經過。

  (2) 完整報告總經理，並協助公關單位了解事故發生及處理經過。

  (3) 確認火警相關事宜，統一交由公關處理。

旅館內部管理策略

1. 旅館安全控制中心應二十四小時都有人值班，且應確認值班人員應負責現場監控責任，遇不正常現象應即刻向值班經理報告。
2. 檢查內部安全人員配置及巡邏方式。
3. 發生意外事故，統一由公關對來回應媒體記者等，應成爲常態標準作業程序的一環。
4. 再檢驗工程維修作業，以避免類似情況的發生。

案例十八 緊急斷電事故

XX飯店是頗具盛名的國際觀光旅館，與關係企業XX百貨公司位於同一棟大樓裡。在某個忙碌的午後4點30分左右，突然停電。而停電後，緊急發電機也未按原設定的十五秒後啓動，失去電力的大樓突然燈火全熄。還好是在大白天，仍不至於漆黑一片。經旅館工程單位檢查才發現，因爲百貨公司某電器室內配電盤故障所造成，而且不知道需要花多久的時間才可以被修復。總經理在聽完工程部主管的簡單報告後，在確認無法確定何時能修護復電的情況之下，由於時值盛夏，在沒有冷氣空調的情況下客人是無法忍受的。果然，接下來就陸續接到多位客人來電抱怨沒電、無冷氣空調很難忍受。當下總經理決定除了授權工程單位傾全力爭取復電外。由客務經理主導，大廳副理配合，主動聯絡住宿客人，告知旅館面臨無法確知復電的窘境，先取得客人的諒解。如果房客不願等待，客務接待人員將爲客人轉訂其他旅館（含當日預定進住客人）。餐飲單位則未復電前，全部公告暫停營業，所有已訂位之宴席，均主動聯絡告知情況，如果6點以前能復電，將再另行通知。該停電事件最後整整停了七個多小時，過了午夜才恢復供電。

緊急發電機

維修中的電梯

論問題

Q1　總經理的決定可行嗎？

Q2　工程人員的工作效率能更好一點嗎？

Q3　向客人道歉，並請求客人稍後等待復電，好嗎？

關鍵重點

1. 因無法確認復電時間，所以，難以掌握維修進度。
2. 主動聯繫客人。
3. 工作分配。

案例解析

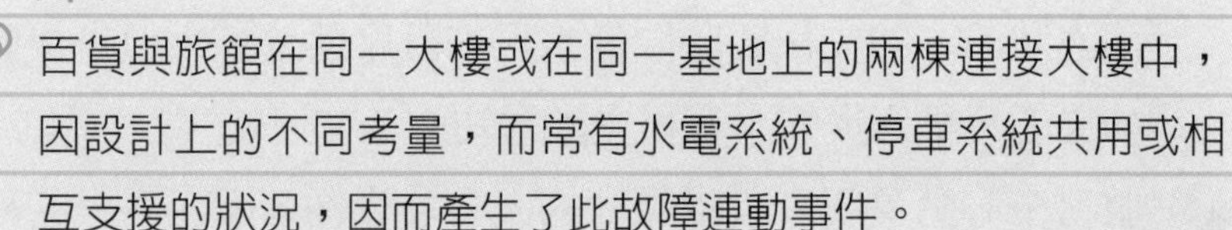

百貨與旅館在同一大樓或在同一基地上的兩棟連接大樓中，因設計上的不同考量，而常有水電系統、停車系統共用或相互支援的狀況，因而產生了此故障連動事件。

旅館工程部人員應傾全力讓旅館復電，並研究搶救緊急發電機，提供必要用電。

主動聯絡房客並說明旅館目前處理方式，並請客人自行決定是否繼續留住飯店。此動作在旅客尚未開始抱怨之前就應啓動。

因為工程人員無法把握何時能修復電，所以，請客人等候只會增加現場壓力，時間拖越久，現場壓力越大，除非客人自己願意等，否則迅速請客人打包，搬至其他旅館才是上策。

旅館面對意外事故的SOP

1. 總經理聽取工程單位報告後，基於無法確切掌握修復時間，應即刻定調處理主軸，除了工程單位全力搶修外，應速處理：
   (1) 由公關擬定新聞稿，準備面對媒體的質詢。
   (2) 客務單位馬上與住宿客人聯絡，主動告知旅館面臨的事故狀況，取得客人的諒解，如客人不想等待維修復電，應迅速協助代訂其他旅館並協助搬至其他旅館。
   (3) 餐飲單位主動聯絡當天晚上有訂席的客人，主動告知公司目前面臨狀況，並先為暫時取消當日的訂席而致歉，但是提醒客人如果能及早修復的話會再主動通知。
   (4) 服務中心動員所有可以調動的人力及車輛，配合客人的移動更換旅館。不足之處提早通知配合交通公司，調度配合。
2. 工程單位除了盡全力檢修外，應將掌握狀況的進度，隨時報告執行辦公室，以利調整面對客人的策略。
3. 尚未修復電前，如有接機的客人，應事先預訂其他同等級旅館客房，以便接到客人時直接向旅客說明狀況，取得客人諒解，只要旅客同意，即可送至已訂妥的旅館。
4. 確認電梯內未關人，如有關人應優先採取救援行動，救出客人。

旅館內部管理策略

1. 重新檢討與百貨大樓共用或是會相互影響的所有設備，並思考其分開獨立運作的可能性。
2. 客務部全體動員，分工聯絡房客及訂房公司，訂房組代訂其他旅館客房，服務中心安排所有的司機待命，隨時協助房客轉換旅館。
3. 餐飲單位除了迅速主動聯絡有訂席客人外，廚房及倉儲管理者，應注意冷凍、冷藏庫溫度之變化，以防食物腐壞。

4. 嚴格禁止員工對外發言，統一由公關單位面對大眾媒體。
5. 各單位各自收集事故發生期間造成顧客非常不便或嚴重顧客抱怨事件。待事故平息後提出檢討，必要的話再次提出補救措施，如派高階主管（業務相關單位）禮貌性拜訪、送禮等。
6. 工程單位針對此事故完成專案報告，檢討事故發生原因及如何防止事故再次發生。且必要嚴懲失職人員，及獎勵搶救有功人員。
7. 財務單位整體評估旅館損失，提出適當的保險理賠申請，並供各單位參考。

案例十九 洗衣房管道間悶燒事故

某大飯店位於地下一樓的洗衣房，於某日下午近4點多，突然從空調出風口慢慢冒出一陣陣白煙。白煙竄出的速度快得有點嚇人，洗衣房主任當時人在現場，在不知發生什麼事的情況下，只能迅速通知工程部，並疏散洗衣房員工。洗衣房濃煙逐漸擴散至其他辦公室，尤其是地下一樓，幸運的是工程單位很快的就查到惹禍的原因。原來洗衣房的排風管道， 正好面對飯店大樓旁的停車場。這陣子有工程在附近進行，施工工人焊燒的火星，陸續掉入中央空調系統的排風管中。而排風管中長期累積了不少洗衣房抽出的棉絮，掉入風管中的火星，就在風管中的棉絮中悶燒，因而造成大量濃煙。所幸濃煙提早讓工作人員有所警覺，在還未造成大量火苗，並擴散至其他樓層前就讓員工發現，工程單位迅速將地下一樓的空調系統關閉，同時阻絕新鮮空氣再進入風管中，悶燒的情形就逐漸平息。濃煙漸退後，很快的洗衣房員工又回到工作現場完成了當天工作，包括現場的復原工作。

中央空調出風口

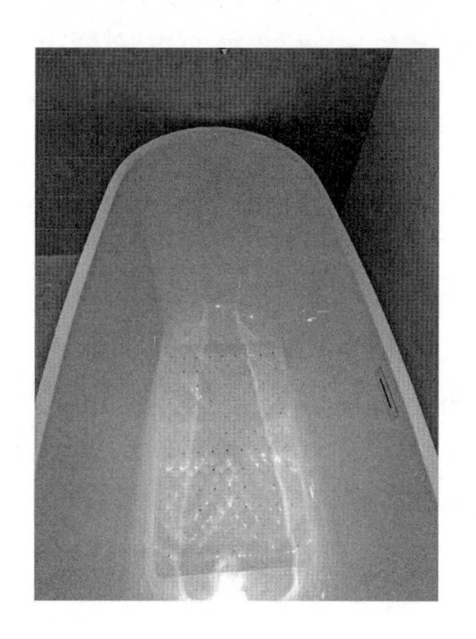

洗衣房現場

討論問題

Q1 洗衣房火警意外，可以避免發生嗎？

Q2 需要疏散公司員工及客人嗎？

Q3 需要報案嗎？

關鍵重點

1. 施工工程的進行，工程單位可掌握嗎？
2. 洗衣房可能更早發現嗎？

案例解析

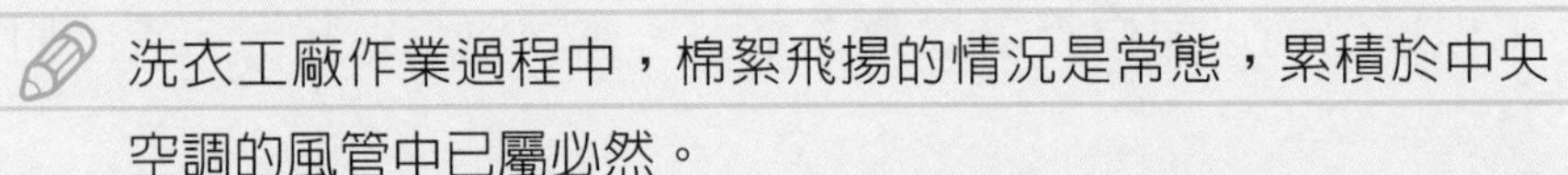

洗衣工廠作業過程中，棉絮飛揚的情況是常態，累積於中央空調的風管中已屬必然。

施工中的焊接工程，產生火花也是必然，但施工者未注意施工中的環境，才會讓火花進入空調風管中釀禍。

火花及開始悶燒的棉絮，應該會有特殊的燒焦味，施工工人和洗衣房的員工理應在濃煙密布前早就該嗅到燒焦味。可惜，沒有人提出疑慮，而無法提早發現。

該飯店地下室有商場及餐廳，旅館在發現濃煙的第一時間，雖然尚未確認火警，仍應以人員安全為第一考量，迅速疏散附近人員。

由於掌握現場狀況快速，也確定未再擴大災情，業者未選擇報案可以理解。

該旅館客房在六樓以上，現場狀況並未危及客人。所以，以不驚動客人為宜。

旅館面對意外事故的SOP

1. 洗衣房中發現煙霧，洗衣房主任應在第一時間通報防災中心及工程單位，並掌握現場。
2. 關閉中央空調及所有作業中的機器，並切斷所有電源，待查。
3. 迅速疏散地下樓所有人員，含洗衣房員工，但員工應集中附近安全地點待命，隨時支援現場工作。
4. 通報大廳值班經理，以利顧客查詢時解釋說明。
5. 工程單位則迅速檢查事故發生原因，並掌握現場狀況，馬上將事故安全解決。
6. 工程單位於確定事故安全能掌控處理，應迅速通知大廳值班經理與洗衣房，以便順利完成安排後續復原工作。

旅館內部管理策略

1. 工程部首先應檢討工程施工作業流程。尤其是焊接工程，火星容易釀成災害，施工前的環境檢查應更加謹慎小心。
2. 洗衣房的冷氣空調風管，應成爲例行維修保養工程的一部分，定期清理管道內逐漸堆積的棉絮。
3. 洗衣房現場作業人員，應加強訓練，工作中任何異常現象都應該提出檢視。此事故事後證實在濃煙大量產生前，是有員工嗅到燃燒的味道，只是不夠機警，未能及時提出。
4. 確定事故解決後，洗衣房員工應將現場迅速復原，工作重點應該包含確認現場布巾及客衣未被污染，否則應予以重新洗滌，以確保品質。
5. 洗衣房主任應督促工程單位定期完成洗衣房空調風管的維修保養工作。

案例二十 房客飯店門口滑倒事故

臺北某國際觀光旅館，在一個剛下過雨的下午，透過美商公司訂房的Ms. White在飯店大門口正從計程車上下來。飯店門衛正忙著招呼其他客人，而未能招呼她，當門衛回頭時，正好看到Ms. White滑倒在地上，屁股著地。門衛趕緊趨前扶起倒地的Ms. White。大廳值班經理Daniel也正好走過來幫忙，Daniel心裡明白是地上一灘水惹的禍。當下除了詢問客人的狀況外，也詢問了Ms. White是否需要安排就醫。Ms. White當下看起來沒有什麼大礙，也表示不用安排就醫。Daniel在引導客人回房後依慣例在大廳值班經理交代本上詳細的記錄了此意外事故。

一個月後，飯店收到一封Ms. White寄來的信函，信函中表示她回美國後屁股越來越不舒服，經就醫檢查發現是骨盆裂開，附件中附有醫療費用清單，她表示希望旅館能賠償她醫療費用加療養金共六千美元，否則將至法院提告，以維護本身權益。

飯店門口止滑墊

門口大理石上的防滑墊

討論問題

Q1 旅客要求合理嗎？

Q2 旅館該為此事負責嗎？

關鍵重點

1. 旅館的責任為何？
2. 保險可以解決嗎？

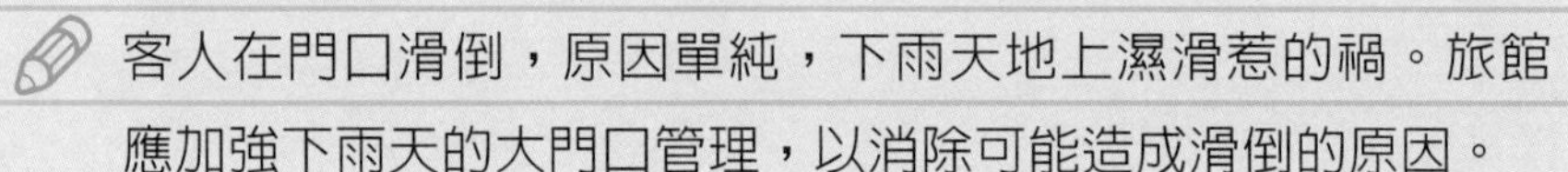

案例解析

客人在門口滑倒，原因單純，下雨天地上濕滑惹的禍。旅館應加強下雨天的大門口管理，以消除可能造成滑倒的原因。

門衛因忙碌而未能招呼到Ms. White，應檢討是否人力配置有問題或門衛本身工作能力有問題。

第一時間門衛扶起客人時，大廳值班經理已經到現場，雖然，有提醒客人是否就醫，在客人表示無礙後，並未做進一步追蹤。例如：稍晚再與客人聯絡，詢問客人的狀況，並再次提醒客人應就醫檢查比較保險。更應交班於客人結帳離開飯店之前，再次表達關懷。

接到客人來信時，面對人在國外的情況處理起來會更麻煩。

旅館面對意外事故的SOP

1. 總經理指派主管回應Ms. White，公關主管或客務主管會是最佳人選。
2. 了解Ms. White事故發生和處理的情況。由於Ms. White的信件所述，應未能被證明一定是在旅館門口跌倒所造成。
3. 了解旅館的年度保險要保內容，確認旅客在旅館內發生意外事故的投保及賠償狀況。
4. 考慮旅客的背景，衡量旅館可能損失，最後再洽詢旅館法律顧問，再決定如何面對。
5. 與Ms. White直接聯繫並溝通。
6. 面對賠償，則可請保險公司出面洽談。
7. 不願面對賠償，則準備所有資訊，委任律師準備與客人法院見。

旅館內部管理策略

1. 下雨天旅館門口地面濕，可能無法避免，有許多旅館的門口地板使用的是大理石，其濕滑情況更是危險，旅館應於下雨時候，走道可鋪上止滑地墊，並引導客人盡量走止滑地墊。
2. 門衛及服務中心工作人員，更應隨時注意門口地板上如有水滴遺留，應立即以拖把拖乾。
3. 門衛注意安全引導客人上下車及進入大門口。
4. 遇客人意外摔倒，最好引導客人就醫，讓客人在醫院留下就醫紀錄，方便追蹤查詢及後續可能的賠償諮詢。
5. 事故發生之後，雖然當下客人不願意就醫。大廳值班經理應稍後再追蹤問候及致意，如有不舒服應再建議就醫。
6. 客人結帳離去時，可再次致意表達關心。
7. 檢討是否人力配置有問題或門衛本身工作能力有問題。

案例二十一 旅客浴室滑倒受傷事故

吳先生趕在年底最後一個週末，帶著七十三歲的媽媽和家人到臺北渡假兼拜訪故人，週末當天晚上住進臺北某五星級旅館。晚上9點多吳媽媽穿著旅館提供的不織布拖鞋進入浴室，不小心滑倒，左手當場骨折，吳先生當場打電話到櫃臺請求協助。旅館大廳值班經理到房間了解情況後，隨即安排旅館車子載送吳老太太就醫。旅館支付了醫療費用三千多元後就相應不理，吳先生非常生氣旅館不聞不問的態度，決定至法院提告，理由是旅館提供了不安全的備品，卻未加註警語，造成客人意外受傷，請求賠償十萬元。經法院最後裁定，吳先生勝訴，旅館必須賠償十萬元給吳老太太。

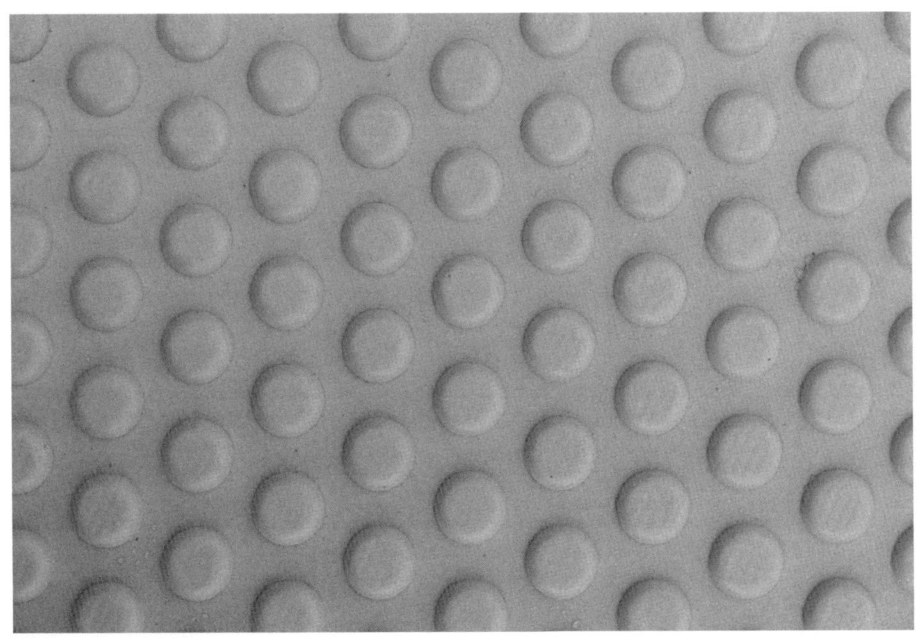
浴缸中的止滑墊

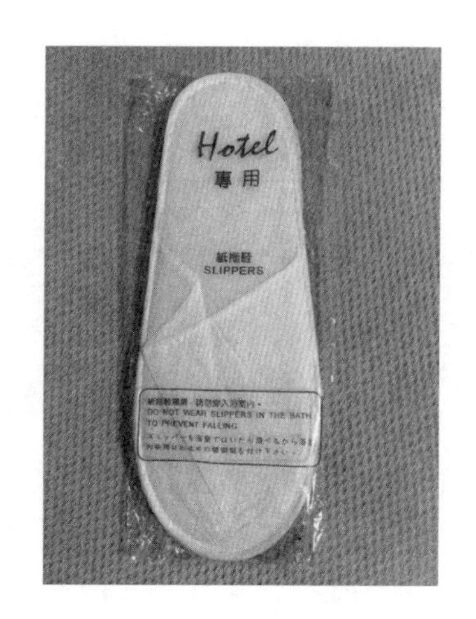

紙拖鞋上的警語

討論問題

Q1 旅館錯在哪裡？

Q2 可以避免上法院嗎？

關鍵重點

1. 滑倒的原因為何？
2. 浴室內相關安全設施。

案例解析

客人在浴室滑倒的原因很多，旅館應補強浴室防滑措施與加強人員訓練，以消除可能造成客人滑倒的原因。

客人在旅館中受到傷害，提出抱怨或求償是理所當然，旅館管理者應以正面的態度面對。

主動關懷客人的感受，尤其是已經提出抱怨的顧客，所以，交班追蹤是必要的手段。本事故最後會法院見，顯然是未交班追蹤所造成。

與消費者發生任何糾紛，對旅館而言都是傷害，尤其是造成糾紛的原因是旅館管理不當所造成的事故。旅館的商譽損失很難估計，通常比事故直接發生的賠償損失還要嚴重。旅館管理者應該避免與客人發生糾紛，尤其是上法院。

當任何事故發生，旅館經理人與客人互動過程中應充分掌握客人的想法，並想辦法解決。此案例前半段協助房客送醫院並幫忙付了醫療費用，處理得不錯。後來客人因事後旅館不聞不問，感覺不受尊重才會告上法院。應該是旅館處理者，未能充分掌握客人的感受，以為沒事了，所以才會疏忽未交接追蹤而造成，有點可惜。

客人告上法院後，旅館未能盡全力疏通客人撤告，乃是旅館管理者最大的決策失誤。最後，被判敗訴，旅館的總經理不知要如何自處！

旅館面對意外事故的SOP

1. 接獲客人通知浴室滑倒事故，大廳值班經理應迅速至現場了解情況，並決定迅速派遣車輛送客人就醫。就醫前應先以硬紙（木）板及三角布巾將手臂固定，以防運送過程中受二度傷害。
2. 值班經理陪同就醫了解狀況，並先協助支付醫療費用。

3. 安慰傷者並了解家屬想法，並持續追蹤關心客人（可能是旅館後續未追蹤關心、致意，才讓客人怒而提告）。
4. 在接獲旅客提告後，旅館應更主動積極的與客人協調，避免上法院，發生這樣的意外事故，上法院旅館都是輸家。
5. 既然已經上法院，且最後以敗訴收場，旅館公關應以正面的態度，除了向受害者道歉，並將旅館針對此意外事故的改善措施，主動告知客人及媒體，藉以補救事故對旅館已造成的傷害。

旅館內部管理策略

1. 了解客人浴室滑倒的原因，除了不適於穿入浴室的拖鞋外，是否有水的問題。如果有水滴遺留的問題，應更深入了解是客人的問題或是員工作業疏忽造成。
2. 改善拖鞋底部為防滑材質，如為成本問題，還是要繼續使用不織布材質，則拖鞋外包裝上應明顯加註不適於浴室中使用。
3. 追究大廳值班經理處理客訴後未交接追蹤的責任。
4. 當發現旅客提告之後，應盡全力與旅客溝通，透過可能管道協調客人撤回告訴。
5. 再補強浴室防滑措施，如浴缸防滑處理及安全扶手的設置。
6. 房務部再加強房務員訓練，避免清潔過程中在留下水滴，造成客人意外事故。
7. 本事故發生後，旅館於協助客人就醫後，除了幫忙付醫療費用與增加必要關懷、追蹤外，應可增加其他補救措施，如不收住宿費用，客人會感受到旅館的誠意。

案例二十二　停車場車輛事故

又是個忙碌的午後，XX飯店的值班經理，好不容易忙裡偷閒，剛坐下來。接待桌前來了一位盛氣沖沖的男士，自稱停於飯店地下室的豐田Camry的車子引擎蓋被敲了一個凹洞，要求飯店賠償。值班經理馬上陪同該先生至停車現場，發現停車位於監視器照不到的死角，而現場車子除了引擎蓋凹了一塊外，實在看不出車子是在現場被敲的跡象。因此，值班經理很客氣的告訴客人，無法判斷車子在現場被敲，且飯店僅供停車服務，但並無保管顧客車子的責任。得不到旅館賠償保證，該位先生氣沖沖的離開了飯店。

隔天早上，飯店客務經理剛開完會，就接到自稱爲觀光局南部中心主任朱先生的電話，原來朱主任受隔壁單位主管李先生之託至飯店傳話。李先生就是昨天在大廳抱怨車子被敲凹的客人。朱主任表示，李先生的車子在飯店被敲凹是事實，但旅館卻沒有誠意處理，如果再不處理的話，他將會就此事召開記者會。在聽完朱主任的陳述後，客務經理心裡明白，李先生之所以請朱主任傳話，除了想恐嚇之外，還有以上級施壓的味道。爲了給自己一點迴轉空間，乃商請朱主任代爲慰問一下李先生，並承諾馬上處理，且明天一定會回應他。掛了電話，客務經理馬上做了兩件事：1.請安全室調出出事當天該部豐田汽車入場錄影帶。2.請財務部查有關停車場保險事宜。

結果，從該豐田汽車入場的情況，完全無法判斷是否車子入場前即有該凹痕。所以，只能相信客人的講法。而有關保險的部分，旅館是保了顧客財物責任險，旅館必須負擔一萬元自付額。當天下午客務經理即電告朱主任，旅館願意爲其修護車子，請李先生將車子開至任何一家豐田修車場。李先生卻執意至自己熟悉的修車場，最後，保險公司還是同意了，讓李先生的車子進了他習慣的維修場。又過了一天，客務經理接到保險公司的來電告知，李先生的車輛維修估價單，竟然近八萬元（通常車輛板金一片引擎蓋，費用大約八千元）。原來李先生要求引擎蓋換新，連兩個大燈也一併換新。保險公司問要讓他換嗎？只要旅館同意，保險公司願意配合。客務經理心裡明白，再次的討價還價，只會多增朱主任的困擾，而李先生可能很難溝通。最後，客務經理將事情處理經過整理了一份報告，請示總經理，總經理裁示就請保險公司配合處理了。當客務經理再度撥電話給朱主任，朱主任除了感謝旅館的配合外，也代李先生說了些抱歉的話。事情雖然圓滿的解決了，表面上旅館只付了一萬元，實際上明年度保險費的提升、成本增加才是更應關心的議題。

監視鏡頭下的停車場

進入旅館停車場的車輛

討論問題

Q1 旅館可以不賠償嗎？

Q2 旅館一定有保險嗎？

關鍵重點

1. 收費停車場的財務保管責任。
2. 旅館停車場的安全管理。

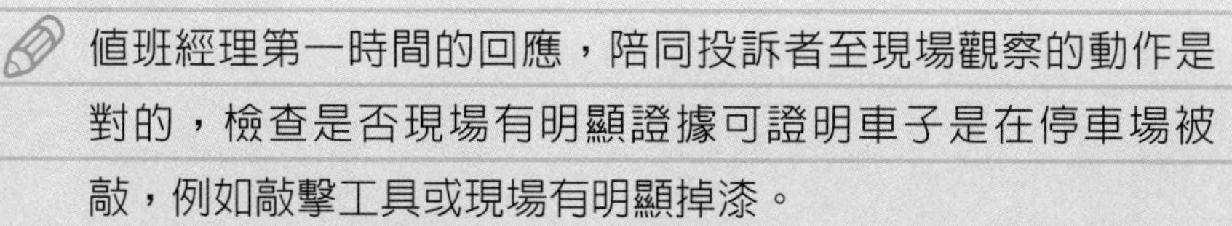

案例解析

值班經理第一時間的回應，陪同投訴者至現場觀察的動作是對的，檢查是否現場有明顯證據可證明車子是在停車場被敲，例如敲擊工具或現場有明顯掉漆。

雖然，車子停在監視器看不到的死角，附近監視器可能的相關接近的位置中可疑人物，應可查看，並研究是否與車輛被敲有關。

值班經理不應直接推諉責任，實務上應可請客人留下相關資料，在詳細查證之下再回應客人。

客務經理接獲觀光局朱主任的電話後，心裡很明白，除非能證明李先生的車在入場前引擎蓋早已被敲凹，否則賠償已是在所難免。

在無法證明車子在入場前已被敲凹的清況下，又得兼顧觀光局朱主任的面子，客務經理選擇直接賠償客人是正確的決策。更何況收費停車場，本來就應對停進停車場的車子負起保管的責任。

保險公司站在服務客戶的立場，實務上企業可多利用保險公司來解決與客人的紛爭。

雖然，李先生的要求非常無理，保險公司仍然願意配合旅館來處理賠償問題，其關鍵是繼續爭取旅館的保險，旅館可利用保險公司來處理此事件。

當修車場的報價送來之後，由於其內容已超出原來認知中的損失（引擎蓋）。因此客務經理才請示總經理，以免越權，這是比較小心的做法，原則上是值得讚許的。

處理事故的進度，客務經理應隨時掌握，並在處理過程中隨時與朱主任保持聯絡，以免朱主任額外費心。

保險公司完成理賠後，客務經理應再次向朱主任及李先生致意，感謝他們的體諒。

旅館面對意外事故的SOP

1. 值班經理面對顧客抱怨時，應小心慎重處理，不確定的事情，不應隨便回應客人。

2. 客務經理應找該值班經理先了解日前處理經過。
3. 請安全單位調出該豐田汽車的入場及停車位置的前後相關鏡頭，檢視是否該車子入場前引擎蓋已經明顯被敲凹，及其停車前後是否有可疑人物或狀況。
4. 請財務部找出旅館相關的投保資料。
5. 盡速確認並回應客人，由於本案已無法在監視影片中證明引擎蓋早就被敲凹，即應迅速聯絡保險公司，並回應客人表達旅館願意負責該車子維修費用。
6. 委託保險公司出面協調保險賠償事宜。
7. 再次向李先生表達抱歉之意，並感謝朱主任的熱心幫忙。

旅館內部管理策略

1. 檢討追究值班經理的責任，包括處理本案的方式及事後交班紀錄及追蹤的態度。
2. 檢討監視系統，車輛入場的鏡頭是否可以更清晰、更完整。
3. 加強停車場死角的管理，監視中心值班人員應加強訓練，對於某些監控死角附近的鏡頭也應一併注意，一有動靜應通知安全警衛或相關單位人員至現場查看處理。
4. 訓練停車場清潔人員及巡邏警衛，加強死角部分之檢查巡視有問題即時反映給大廳值班經理。
5. 值班經理經常要面對緊急狀況，擔任此職務者，必須完成相當的旅館歷練及訓練，絕對不可將就或隨便了事。

案例二十三 門口車道車禍事故

在一個下著大雨的傍晚，XX飯店門口的車輛並未因此而減少。A君開著剛買不久的BMW跑車也來湊熱鬧，眼看著飯店入口斜坡車道上，已有一部賓士車準備上去，A君尾隨車後也準備上斜坡道。就在那一剎那間，前面車子突然急速往後退，直到撞到A君的車才停下來。原來下雨天，斜坡道上輪胎抓地不佳，車子上坡時，開車者若加重油，車子無法前進，反而會往後退。A君車子被撞後，拉好手煞車，急忙走出車外，查看受損狀況。前車司機也在此時下車查看，同時直向A君表示道歉。此時，兩人同時將眼光投向身旁穿著飯店制服的人，「該怎麼辦？」顯然，已經開始堵車，穿著制服的人好像也幫不上忙，只小心的說：「可否請快速將車子移開。」A君有點生氣，旅館不但不幫忙還急著趕人走，正準備大發雷霆，突然旁邊出現一位穿西裝制服的男士。「兩位先生您們好！我是飯店值班經理，敝姓王，由於外面已經開始塞車，是否，我可以將現場拍了照之後，先將車子移開，待會兒我們再一起協調，如果屆時需要報警處理也可以。」A君心想：車子擋了旅館入口，連外面的道路也開始阻塞了，反正旅館人員已出面，現場再將兩部車子的相關位置拍了照，對方應該想賴也賴不掉。於是同意了值班經理的建議，在對方也未表示異議的情況下，雙方先後將車子移開。同時，雙方和旅館值班經理一起，在旅館咖啡廳中開始協調起來了。

旅館斜坡上的車輛

旅館大門口

討論問題

Q1 旅館有責任嗎？

Q2 旅館可以要求移開肇事車子嗎？

關鍵重點

1. 門口斜坡車道下雨打滑的狀況，可以改善嗎？
2. 門衛在關鍵時間到哪裡去了？

案例解析

旅館大門口忙碌時段，人力調度非常重要，案例發生時，門衛不在現場，大廳值班經理也是在事情發生後才出現，顯然，人力不足或員工工作敏感度是有問題的。

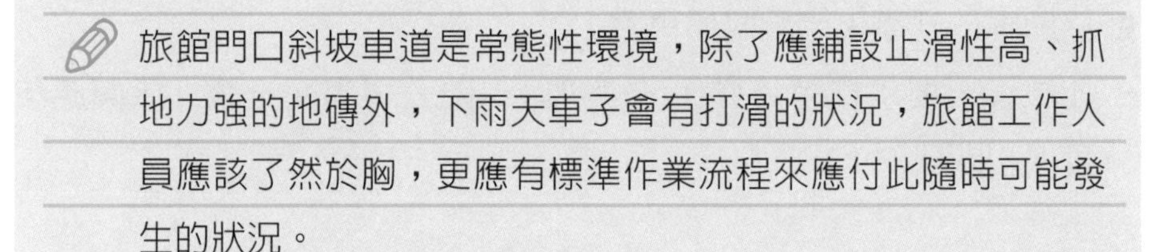

旅館門口斜坡車道是常態性環境，除了應鋪設止滑性高、抓地力強的地磚外，下雨天車子會有打滑的狀況，旅館工作人員應該了然於胸，更應有標準作業流程來應付此隨時可能發生的狀況。

門衛未能盡職引導門口車輛安全通行在先，當發現現場忙亂時又未能及時向大廳值班經理報告於後，而讓飯店陷入危機中。

值班經理雖然出現得有點慢，但是處理的方法是對的，疏導交通是當下第一要務。取得客人信賴，說服客人並拍照記錄，留下當時兩部車子的相關位置及車子受損情況，等車子移開後，要如何協調都已經是次要的事情了。

現場短暫的阻塞已在所難免，值班經理除了努力協助兩部車子移開外，應安排其他同仁協助指揮後續交通及向後面受阻車子解釋說明當時狀況，並承諾盡快解決。

如果不幸協調時間拉長，值班經理應速請求支援，尤其是安全單位應快速到達現場支援。若情況仍未能排除，則不排除請警方協助處理。

旅館面對意外事故的SOP

1. 門衛發現現場交通忙碌，須盡快請求支援。
2. 當車禍發生，應速請值班經理到現場處理。
3. 值班經理應掌握現場狀況，並以移開兩部車子爲第一要務。
4. 拍照存檔，溝通協調請當事人快速移開車子。
5. 協助兩位當事人協調賠償事宜。
6. 如果客人要求旅館負責任，則可請保險公司出面洽談（旅館應該投保相關保險）。

旅館內部管理策略

1. 了解門衛當時在忙些什麼：如果是門衛個人的疏忽，應追究責任並加強訓練；如是因爲人手不足，應檢討人力調度問題。
2. 對該旅館而言，遇下雨天，入口斜坡車道都可能上演同樣戲碼。旅館應制定一標準作業流程，以防意外事故再次發生。例如：下雨天即派一名員工，站在車道入口前，引導並教導開車者輕踩油門，緩慢前進。
3. 管制上坡車道，前車未上到旅館門口前，後面車子不可開進入口車道，以免前車倒車撞車。
4. 再檢討：旅館大門口入口交通疏導作業，值班經理、客務經理、服務中心及安全室在特別情況下，如下雨天，應有的相互支援及任務編組，要以更明確方式表示，形成標準作業流程更佳。

案例二十四 撞傷房客的客房設施

葉先生是香港商人，因生意關係長駐高雄XX飯店，和往常一樣，早上約了客人談生意，眼看9點30分就快到了，葉先生坐在貴妃椅上穿皮鞋，繫好鞋帶，猛一抬頭，頭正好碰撞到桌角，只覺得一陣昏眩與頭痛，經稍坐休息等一回神，發現時間更急迫了，只得快速離開房間往旅館大廳走。手摸撞到桌角的頭皮，感覺有點腫脹、有一點疼痛，也有一點點莫名奇妙：爲什麼抬起頭會撞到桌角？越想越生氣，走到大廳值班經理桌前，直接就向值班經理投訴。值班經理聽了葉先生的投訴之後，除了表達道歉之外，也詢問葉先生是否需要協助安排就醫。葉先生一方面趕著赴9點30分的約，另一方面頭痛也感覺舒緩了一點，只淡淡的告訴值班經理，等約會結束回飯店再說，就走出旅館赴約去了。值班經理眼睜睜的看著客人離去，有點莫可奈何，只是想不通，客人怎麼會穿鞋子，穿到頭撞到桌角。值班經理決定親自至房間了解情況。進入葉先生的房間，看了房間扶手沙發、貴妃椅及書桌的相關位置，發現由於房間空間較狹窄，貴妃椅所在位置已接近桌角，如果客人低頭繫鞋帶，猛回頭是有可能會撞到頭的。值班經理心裡有數，就等葉先生回來再說了。11點不到葉先生就回飯店了，不等葉先生說話，值班經理直接趨前問候了葉先生，並詢問：頭是否還痛？爲了安全起見，是否可以安排就醫？葉先生同意了值班經理。值班經理迅速安排了旅館的車子，自己陪同前往鄰近醫院就醫。還好醫院人並不多，完成必要的各項檢查並未花多少時間，結果還好只是表皮輕微挫傷，只需要回家觀察是否有腦震盪的情況就可以了。值班經理鬆了一口氣，付了醫藥費，陪同客人回到旅館。葉先生回旅館後，除了感謝值班經理的協助外，再也沒有提到其他事宜，就直接回房休息了。經過了一番折騰，值班經理好不容易完成了交班簿上的報告，終於可以下班回家了。隔天早上又是近9點時候，葉先生又來到值班經理桌前，一樣的值班經理，一樣的關心的口吻問候葉先生，在一陣例行寒暄之後，葉先生表示晚一點即將Check out，希望飯店給一個證明，保證如果他回家後受傷處有引發任何後遺症，希望旅館還是能全權負責。值班經理聽完葉先生的陳述後，愣了一下，腦筋閃過念頭：「怎麼辦？」

客房內照片

討論問題

Q1 旅館有錯嗎？

Q2 客房擺放家具的安全配置。

關鍵重點

1. 房客有移動過桌椅嗎？
2. 引導協助客人至醫院檢查。

案例解析

房客在客房中受到任何意外傷害，均可向旅館反映並要求負責。

大廳值班經理收到任何房客因故受傷，最好建議客人就醫，以保護客人及旅館。

旅客因故無法當下就醫，值班經理應再追蹤後續處理。

當客人願意就醫時，值班經理以最快速的方式，陪同客人就醫，是最合乎客人與旅館需求的做法。

值班經理利用空檔時間，至客人房間確認房間設施擺設有關位置，以確認旅館的責任，做法是對的，但如果能夠約房務主管一起勘查現場會更好。

除非桌椅能被證明客人曾經自行移動過才造成此意外，否則旅館家具配置不當，而造成此意外事故已是事實。

房客也很清楚旅館勢必要負起責任的，但因已到要Check out的時候了，只怕一離開旅館就不認帳，所以，才會要求旅館提供書面保證。

如果值班經理看過現場，已確認旅館應負起意外事故賠償責任，則客人提出要求書面保證時，值班經理應毫不遲疑的答應客人要求。

理由是客人受傷部分已至醫院做檢查，留下完整紀錄，並不必擔心旅客會以其他無關的傷害來要求旅館負責。

旅館面對意外事故的SOP

1. 值班經理聽取、記錄客人投訴，了解客人受傷情況。
2. 請求客人迅速就醫，因客人無法即時就醫，應記錄並追蹤。
3. 當客人可以就醫時，陪同就醫。
4. 先代墊醫療費用，並掌握客人就醫狀況。
5. 在分析了解旅館責任後，全力配合客人需求，以期圓滿解決意外事故引起的客訴。
6. 答應客人提供書面保證，如果客人趕時間無法等候，可請求客人的同意，留下客人地址，以郵寄方式補寄給客人。

旅館內部管理策略

1. 値班經理於接獲客訴後，應通知房務部主管一起勘查現場，以確認責任。
2. 如果意外事故的發生，是因爲客人自行移動現場家具而造成，應拍照存證，並於適當時機提示給客人看，以釐清雙方責任。
3. 如果意外事故的發生，是因爲旅館房間內家具的配置不當所造成，應該責成房務單位全面檢討改善，重新調整配置。如本案例所言客房空間不大，應該可以考量移走貴妃椅。
4. 提供客人的書面證明，可固定由公關單位負責擬定提供，但應愼重爲之，事後應向執行辦公室（總經理）報備。

案例二十五 房務員浴室工作滑倒受傷

洪寶貝是一位家庭主婦，專科畢業後就結婚生子，四十歲不到兩個小孩已先後外出讀大學。先生是公務員，生活也沒什麼壓力，只是小孩離開身邊後，日子過得有點無聊。那天剛好到隔壁鄰居家串門子，鄰居正好與其友人聊起職場工作的事情。原來其友人最近剛剛才到某國際觀光旅館工作，也是再度回職場工作的家庭主婦。朝九晚五的房務員工作，也不影響家庭照顧，工作雖然有點吃重，但習慣就好。也由於工作簡易、容易上手，只要做好自己份內的工作，其他也沒什麼壓力。越聽越心動，回家之後馬上與先生商量。先生也知道太太每天在家太無聊，也贊成她找個工作打發時間。於是透過友人的介紹，洪寶貝也到該國際觀光旅館應徵房務員，很快的旅館通知她報到。報到後，房務主管直接安排她跟著資深房務員彩珠學習。彩珠非常熱心教導，有問必答，協助她很快的適應了工作。兩個星期後，她已能獨立作業。不到一個月，她已經被認同為一合格房務員，和其他資深房務員一樣，每天負責十三個房間的整理工作，工作越來越熟悉，動作也越來越快。正慶幸有機會找到打發時間的工作，就在工作滿月那天，由於當日旅館客滿，早到的客人又多，早上11點就接到辦公室通知先整理1103房，她只好停下已整理一部分的1105房，先整理1103房。後續又接到辦公室通知，1105房和1127房也都需要趕出來。寶貝雖然已盡量加快動作，但怎麼可能短時間內同時完成三間客房的整理。越想越慌，慌忙中一失神，竟然在浴室中滑了一跤。一回神感覺屁股和右手都隱隱作痛，好不容易她起身發現竟然兩腳移動有點困難，只好撥電話給房務辦公室，請求協助。很快的，領班來到現場了解狀況後，馬上從服務中心借來輪椅，把洪寶貝送到醫院檢查。送走洪寶貝後，領班開始傷腦筋，如何繼續完成洪寶貝留下來的工作。

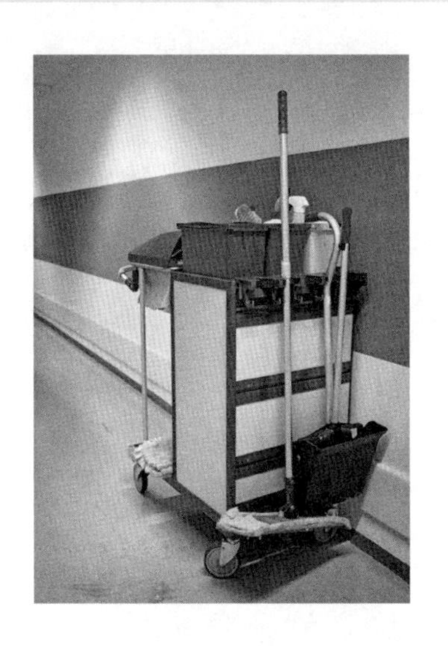

房務工作車

討論問題

Q1 客務如何催趕房間？

Q2 房務如何應付催趕房間？

關鍵重點

1. 房務辦事員的催趕房間紀錄。
2. 客房整理分配和準備作業。

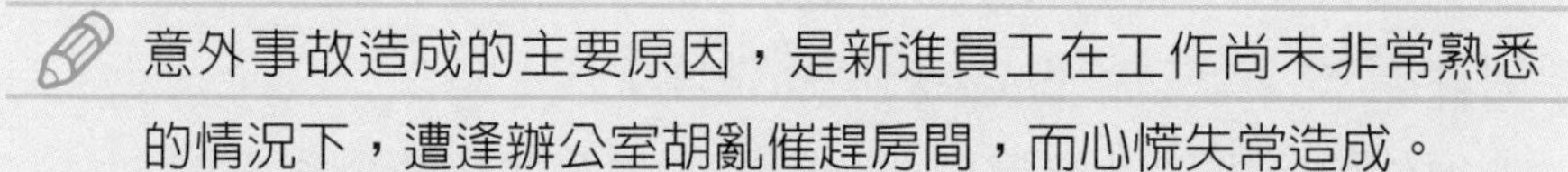

案例解析

意外事故造成的主要原因，是新進員工在工作尚未非常熟悉的情況下，遭逢辦公室胡亂催趕房間，而心慌失常造成。

新進人員應被訓練，遭遇問題一定要反映，此案例中，洪寶貝應向負責催趕房間的房務辦事員或領班反映，且在第二次通知時，就應有所反映。

房務辦事員催房務員整理房間，如有紀錄就不會在同一時間催同一個人三次。在接獲櫃臺催趕同一樓層客房兩間以上，房務辦事員應直接提醒櫃臺，可不可以更換其他樓層客房。如果無其他樓層客房可更換，應速通知樓層領班，前往該樓層支援趕房間。

員工工作中受傷，應迅速就醫，一方面保障員工權益，一方面保障了旅館的權益。

員工就醫，未完成的工作，再另外調其他人力支援即可。

旅館面對意外事故的SOP

1. 房務辦公室接到員工受傷通知，應通知房務主管立刻前往查看。
2. 確認員工受傷程度，扶持就醫或以輪椅或擔架抬送就醫。
3. 安慰員工情緒，了解員工受傷經過。

4. 請員工安心就醫，並協助處理就醫事宜，含代付醫療費用，再協助解決家庭及公司其他問題。
5. 依受傷狀況配合醫療程序，代爲辦理請公傷假事宜。
6. 另外調派人員支援完成後續房務整理工作。
7. 如須住院，則代爲申請公司慰問金，主管並代表公司探望。

旅館內部管理策略

1. 檢討房務部辦公室辦事員催趕房間作業，宜有催房紀錄。如發現被催房間落在同一房務員身上，應向客務部反映或請負責管理的領班支援。
2. 房務部與客務部應協調，每日可能早到客人的客房需求，可提早通知房務部，讓房務部可提早通知房務員做好準備。
3. 加強訓練員工，遇問題應馬上反映，以及早解決問題，以免事情狀況惡化。
4. 房務辦公室是整個房務工作的聯絡指揮中心，應選任反映快的辦事員擔任，就此案例而言，該辦事員的反映是不及格的，有再加強訓練的必要。
5. 加強對新進人員的訓練及輔導，應請負責領班多費心觀察協助她們完成每天的工作之外，還需多了解她們的需求及解決她們面臨的問題。
6. 房務辦公室辦事員有必要就催趕房間作業與客務再溝通協調，形成一個更可行的標準作業流程（SOP）。

案例二十六 員工上班途中發生交通事故

小王任職某國際觀光旅館大廳值班經理，平常工作認眞、負責，深獲上司的賞識。某日小王值晚班，平常都搭乘38號公車直接到旅館附近下車，當天因時間還早，想搭5號公車到離旅館遠一點的百貨公司下車買個東西，再步行到旅館上班。不巧天空下著雨，交通有點擁擠，小王下車的站到了。公車慢慢的往路邊停靠，就在離人行道，約兩大步的距離公車停妥了。司機將門打開，小王口頭感謝司機，並跨下階梯準備下車。沒想太多，當小王右腳踏上馬路，被一部機車直接衝過來撞上，小王感覺一陣劇烈疼痛，隨後全身往車廂外馬路上傾倒。回過神來小王知道自己發生了車禍，感覺自己的腳好像斷了。也顧不了機車摔倒在地上的年輕人，小王自己爬到人行道，就坐在人行道邊打了119報案。司機也下車來關心小王的傷勢，路旁行人也有人見義勇爲，扶起了受傷的年輕人。在等候救護車的同時，小王也打了電話到旅館報告自己發生車禍，正在處理中，等待救護車送醫院，請旅館同事幫忙請假，並另請其他同事代班。交通警察先到，簡單了解完現場事故發生的情形後，救護車來了。在交通警察同意的情況下，小王先由救護車送醫院就醫。經過檢查確認小王的腳骨頭斷了兩處，預估治療加復建期間會超過三個月。

大廳值班經理

大廳副理（duty manager）

討論問題

Q1 事故的發生，公車司機有責任嗎？

Q2 事故的發生，小王有責任嗎？

關鍵重點

1. 車禍現場是小王的上班途中嗎？
2. 公傷假可以休多久？

案例解析

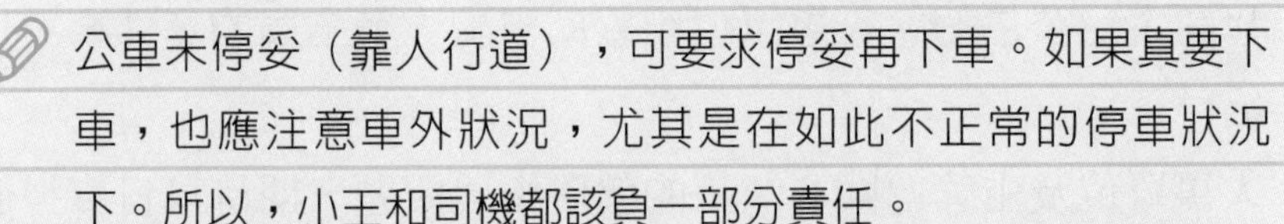

公車未停妥（靠人行道），可要求停妥再下車。如果真要下車，也應注意車外狀況，尤其是在如此不正常的停車狀況下。所以，小王和司機都該負一部分責任。

員工上下班途中，因事故受傷以致未能上班，都可認定是因公受傷，但均須有證明，通常最好的證明就是報案，而公傷假的認定也是以事故的報案紀錄為準。

所謂上下班途中，雖然法律並未認定任何途徑，但必須符合常規，尤其是繞道辦理其他事情，再轉上下班途徑，就不符合上下班的常規。

值班經理是旅館中重要的職務，有可能也只三或四人在輪值，任何一個人休長假都會造成非常大的困擾，這將是考驗小王和其他主管的智慧。

小王自行打**119**報案等待救援及迅速向飯店請假，都是非常正確的做法。

旅館面對意外事故的SOP

1. 接獲員工意外事故通知，協助員工處裡意外事故，提醒員工報案及取得報案證明。
2. 內部人力調度，以補足小王休假的人力。
3. 協助小王請假，如果請長假，則請小王補住院證明。因本案涉及公傷假認證問題，應請小王提供相關資料。
4. 本案例小王下車即被撞，尙未涉及繞道處理私人事務行程，應足以認定爲公傷假。人事單位應協助申請，勞工局的意外事故保險給付。
5. 人事單位及主管應關心小王的就醫復建問題，期待早日康復回到工作崗位上。

旅館內部管理策略

1. 需求各單位加強宣導，上下班途中注意安全，尤其是交通安全，不要忘了停、聽、看。
2. 再宣導當上下班發生意外事件，應該快速報警，並取得報案證明。
3. 由於公傷假成本非常高，各單位應避免意外事故的發生，各單位主管除了宣導注意交通安全外，應關心員工的生活起居，尤其是那些每天都在趕時間的員工，可提醒她／他們養成提早十分鐘出門的好習慣。
4. 由於只要是公傷假，就沒有休假多久的限制。小王因腳斷受傷，短時間無法回到工作崗位，人事單位應及早準備適當人力因應。

案例二十七 員工外出摔車事故

小陳任職臺北某大國際觀光旅館服務中心，是一位稱職的行李員。雖然擔任該職務只有一年半的資歷，但由於小陳年輕有幹勁，且任勞任怨，又有主動為客人服務的熱忱，所以，入行以來，深受主管及客人的信任與喜愛。就在一個飯店生意比較清淡的早上9點多，小陳與另外兩位同事站在有點冷清的大廳中，正閒得有一點發慌，突然看見一位香港老客人莫先生，朝服務中心走過來，小陳馬上趨前打招呼。莫先生認得小陳，打完招呼，莫先生將手上一份文件交給小陳，煩小陳幫忙送到XX旅行社，順手也給了小陳二百元小費。送走了莫先生，小陳心想收了小費了，還是自己走一趟吧！眼看現場不忙，領班又不在，反正離開一下，辦完事馬上回來應該不會花太多時間。打定主意小陳走到服務臺，告訴現場一位同事，將外出幫客人辦事，辦完事馬上就回來。小陳轉身往更衣室，套了一件外套，走向停車場，騎了自己的機車往XX旅行社走。就快到旅行社的前一個路口，眼見已閃黃燈，為了趕時間，乃加足油門往前衝，就這麼不巧與一部急衝出來的機車迎面撞在一起。小陳只覺得機車撞後往左邊前方滑行，左腳感覺一陣刺痛。車子停了，壓在機車底下的左腳痛得不聽使喚。還好，頭腦還很清醒，顯然安全帽還是有用的，知道出事情了，等待被送到醫院就醫已無法避免，顯然已經無法完成客人交辦的任務了。顧不得腳傷，趕緊打電話回飯店報告，並請求派其他人員支援。

隨後被後到的救護車送進附近的醫院，腦筋清醒的小陳仍然掛念著客人交代的任務，期待主管趕快派人接續完成。

穿制服的行李員

討論問題

Q1 行李員可以替客人外出辦事嗎？

Q2 房客有權利要求旅館工作人員替他們外出辦事嗎？

關鍵重點

1. 外出辦事標準作業流程。
2. 小費或交通費。

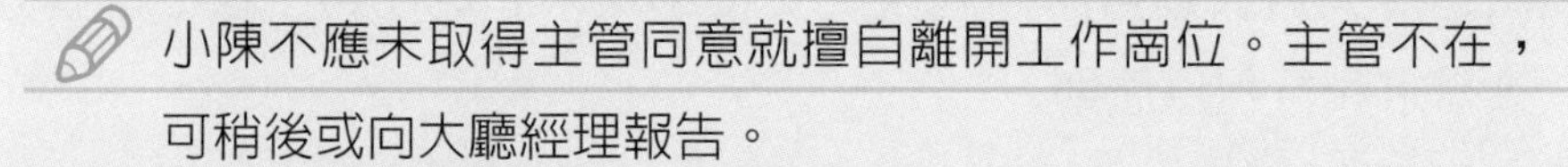

案例解析

- 小陳不應未取得主管同意就擅自離開工作崗位。主管不在，可稍後或向大廳經理報告。
- 騎乘自己的機車外出辦事，時間又趕，其風險很高。客人給的二百元，應將它視為交通費用，用來搭計程車會比較安全，如果錢不夠，可向客人收取，不過這動作應在接受客人委託時，就說明清楚比較好。
- 小陳替客人外出辦事，只告知其他同事是高風險的違規行為，在大都數的旅館中會被認定為擅離職守。
- 服務中心主管在接到小陳電話後，在確認當事人精神是在正常的形狀下，應盡可能問清楚各項細節，以便接續完成客人委託的任務。
- 主管在能掌握客人的行程下，考慮旅館的人力及當下情況，安排適當的人選在適當的時間至醫院與小陳完成任務交接，繼續完成客人的託付。
- 小陳在發生意外事故之後，雖然，在受傷的情況下還是掛念著未完成的任務，這是旅館人負責任的基本工作態度。
- 小陳應完整交代客人交付的任務，讓接班人順利完成工作。

旅館面對意外事故的SOP

1. 服務中心主管接到電話，盡速了解意外事故發生狀況。
2. 派適當人員於適當時間到醫院交接小陳未完成任務，以不影響客人需求和行程爲原則。
3. 如果不會影響客人行程，則不必讓客人知道事故發生。反之，則必須向客人道歉，並解釋說明及執行可能的補救措施。
4. 如果公司認可小陳的外出替客人辦事方式，則應替小陳請公傷假，直到小陳回工作崗位。 如果公司未認可小陳的外出洽公方式，則小陳可能面臨擅離工作崗位及不假外出的罰則。

旅館內部管理策略

1. 確認小陳的外出辦事的告知方式是否公司能接受。
2. 不管接受或不接受，都應該形成標準作業流程，讓大家以後有所依循。
3. 只要上班後再外出，都應該取得主管簽核的單據，以避免有模糊地帶。
4. 可明白規定，因公外出辦事不應以機車爲交通工具，如果是依客人委任而外出，應明白請客人付計程車費。
5. 主管應找時間至醫院探望小陳，一方面再次確認意外事故發生的情況，一方面安慰員工，請員工安心養病。
6. 再釐清小費的概念，正大光明的收取代辦交通費用，客人給小費是另一件事情。

案例二十八 手扶梯施工意外

旅館的宴會廳常有大量客人進出，爲了疏散大量的人潮，常有手扶梯的設置。在某大國際觀光旅館正依慣例，請電梯機械維修廠商，利用營業前空檔時間，執行例行的維修工作。正當廠商機電工人在下層手扶梯口埋頭苦幹時，突然聽到從上層手扶梯口傳來慘烈的求救聲。尋聲而來的工人，赫然發現有人掉入，爲維修而掀開的腳踏板蓋子的維修孔中。施工人員七手八腳的把客人救出維修口後，發現客人手、腳、頭均有挫傷和擦傷。乃通知旅館人員請求協助，旅館隨後迅速將客人送醫。事後了解，此客人是旅館合約公司的高階主管，當天是爲了公司的業務需求，到旅館看場地，不幸卻爲了上廁所而誤入手扶梯維修孔中。客人很生氣，旅館怎麼可以讓維修中的維修孔暴露在走道中。爲了彌補自己受到的傷害，且讓旅館得到一些教訓，客人提出了傷害賠償三十五萬元的要求。旅館將意外事故的造成歸責於施工廠商未做好防護措施所造成，當然賠償應由廠商負責。但廠商認爲客人獅子大開口，要求賠償金額太離譜而拒絕客人要求。雖然旅館已經多次出面協調，仍無法達成協議。客人憤而向法院提出告訴，告旅館傷害，還要求賠償連醫療費用，及一個星期不能上班的精神撫慰金共五十五萬元。最後法院判決旅館因未盡施工現場安全管理的責任，而造成客人受到傷害，應負賠償責任，而賠償費用則降爲二十七萬元。旅館於收到判決書後，還是轉而請廠商負起賠償義務，最後是廠商被迫賠錢了事。但是，這件上了報紙的新聞，已經造成該國際觀光旅館名譽的實質損失。

旅館的手扶梯

請勿靠近指示牌

討論問題

Q1 施工現場出了問題，誰該負責，旅館？廠商？

Q2 誰該賠錢？

關鍵重點

1. 施工現場安全管理。
2. 旅館面對問題的處理態度。

案例解析

旅館外場營業單位，利用營業前執行各項營業相關設施的維修保養是屬正常作業。

雖然，尚未開始營業，不表示不會有客人出現現場，尤其是在旅館的公共場所。

廠商施工現場，可能因防護措施未做好，例如：未將掀開保養孔的區域，以圍籬圍起來。簡易的施工中，「請勿靠近」的牌示，可能無法發揮其該有的功能。

跌入保養孔中的客人，被救出送醫過程中，未能感受到旅館面對處理此意外事故的誠意態度，所以，更無法原諒旅館的疏失。

旅館不可一味的把過失推給廠商，至少負責機械維修的工程單位應負起監工不周的責任。

由於受害客人是合約公司的主管，旅館理應更慎重處理，尤其是旅館如能利用此關係，透過合約公司出面協調，應有機會避免讓客人告上法院。

一廂情願的將過失推給廠商，結果是被客人告上法院。被法院判敗訴，更有傷旅館商譽。雖然，法院判賠金額只有客人要求的一半，但旅館商譽損失很難再復原。

旅館面對意外事故的SOP

1. 工程單位接獲廠商求救電話後，應即刻派員至現場，並通知大廳值班經理協助處理。
2. 工程人員至現場除了協助救出客人送醫外，應了解現場狀況，並督導現場廠商迅速完成後續工作。
3. 大廳值班經理除了了解現場狀況外，應迅速陪同客人就醫。同時掌握客人的相關資訊，含客人背景及對此意外事故的想法。
4. 大廳值班經理應展現誠意解決事情的態度，取得客人的信賴，並紓解客人的不滿，避免採取劇烈的手段，如告上法院。
5. 了解客人的要求，並協調廠商妥善處理。不管是廠商作業疏失或旅館工程單位監督不周，在傷害已造成的情況之下，唯有快速回應客人的要求才是問題的根本解決之道。
6. 協調廠商賠償過程中，旅館爲了避免事情惡化（如本案最後是客人告上法院），旅館可承擔廠商與客人要求賠償之間的差額，以尋求及早解決此案。

旅館內部管理策略

1. 再檢討工程單位施工標準作業流程。本案意外事故發生的原因，在於廠商未做好該做的安全防護措施，而工程單位也未負起監督的責任。
2. 旅館發生意外事故，應通知值班經理協助處理。值班經理應保持主動積極的態度處理客人送醫及後續追蹤事宜。
3. 調整與廠商的溝通方式，廠商是旅館的事業夥伴，應有相互扶持支援的概念，面對意外事故，即便是廠商的疏忽，旅館應負起督導不周的責任而與廠商共同面對意外事故。
4. 廠商的責任義務，有必要以更詳細的合約內容來規範，再檢討與廠商的合約內容，如有必要應於再次洽談合約時，一併匯入新的合約中。
5. 營業中的旅館，面對工程施工是常有的事，而施工工程又常委由外面廠商來處理，旅館很難要求廠商找來的工人都是守規矩、負責的工人，唯有旅館工程單位負起監督責任，落實施工規範才能避免施工意外事故的發生。

案例二十九 旅館房內自殺事故

Lisa是某國際觀光旅館的櫃臺接待員，雖然工作未滿一年，但對客務接待的工作已非常熟悉，且已能獨當一面操作業務。在某個忙碌的下午3點多，剛交接班後不久，Lisa接起了一通響了三聲的電話，電話那頭以細微的聲音，說了「好痛」就掛了電話。糟糕的是Lisa竟然忙中有錯，沒注意到來電房號。Lisa心想只能再等客人來電了，可惜該房客電話從此未再來電。忙碌中Lisa早已忘了這事情，一直到接近晚上7點，自己用完晚餐回櫃臺，才聽說大廳值班經理來櫃臺查詢1320房客資料，好像該房間出問題了。原來就在Lisa去餐廳用餐時，大廳值班經理接到總機來電報告，1320房客人來電說：「好冷！」電話就掛電了。值班經理至櫃臺查了住客資料，客人是一位Walk in女客人，以個人信用卡付帳，只住一天，一切正常。約了房務部及安全室主管，值班經理快速的到達1320房門口，門口「請勿打擾」燈亮著，值班經理請總機以電話試著與房客聯絡，大夥在房門聽著電話響了超過十聲，連續了兩次都沒有人接。值班經理接著按了門鈴連續兩次也都沒有回應，只好拿起萬用鑰匙緩緩的把門打開。房門打開後發現，房內床尾躺了一個男生，床上躺了一個女生。兩個人左腕都有刀傷，且血流沾染了多處地毯及床單、枕套。三個人同時看傻了眼，還是房務部主管比較膽大心細，仔細的檢查了兩個受傷者。發現兩個人應該是割腕自殺，男的已無心跳，女生生命跡象還穩定，但陷入昏迷狀態中。從已止血的手腕傷口看來，顯然兩個人已自殘多時，女生因傷口較淺失血比較不嚴重，而能在迷糊狀態中打電話求救。安全室主管馬上試著以CPR急救男生，房務部主管緊急電辦公室送來急救箱，並緊急固定傷口。而值班經理馬上命令總機打了119報案及求救，十五分鐘後緊急救護車開抵達員工出入口，由旅館安全然員引導使用員工電梯直接到達1320房。緊急救護人員在現場快速的完成兩者的檢查，確認男生已經死亡，女生則在完成簡易包紮後，隨即以推車將她快速送醫。管區警察也隨後就抵達現場，了解實況後要求封鎖現場，等候檢察官與法醫的最後確認。旅館大廳值班經理在確認交代房務部封鎖現場後，引導管區警察至大廳等候後續處理。在了解了事情的發生經過後，Lisa心裡明白，因爲漏接了那通電話，否則該男生的命可能還有得救。沒人知道有這通電話，對Lisa而言現在講出來已經無濟於事，只是感到有點懊惱，自己忙中有錯，竟然造成無可補救的遺憾。從這一刻開始，方了解到工作的每一細節都很重要，每一個員工都應對自己的工作負責。Lisa不敢將曾經發生過的這段故事告知其他同事，只能期許自己在下一個重要時刻，不要再忙中有錯了。

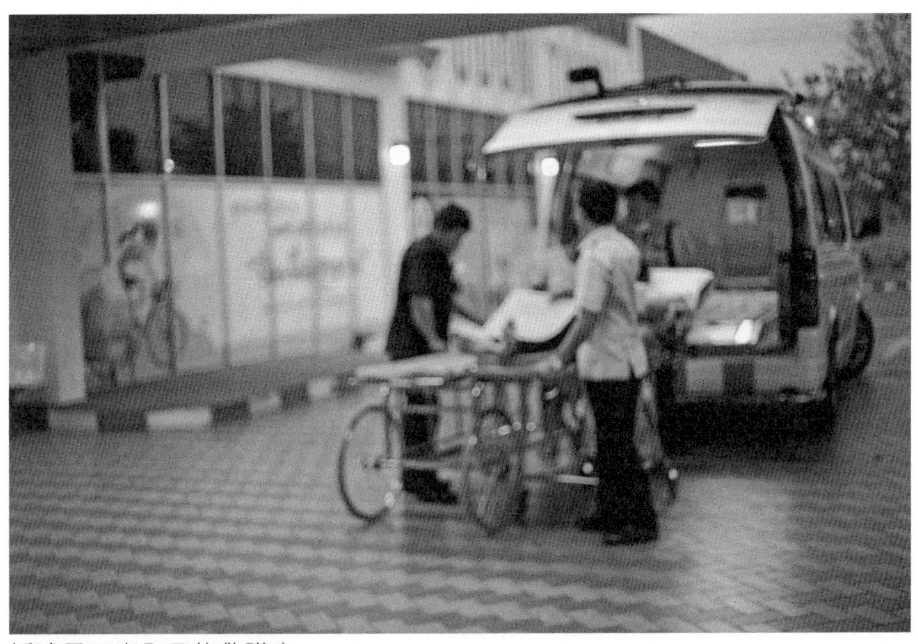

抵達員工出入口的救護車

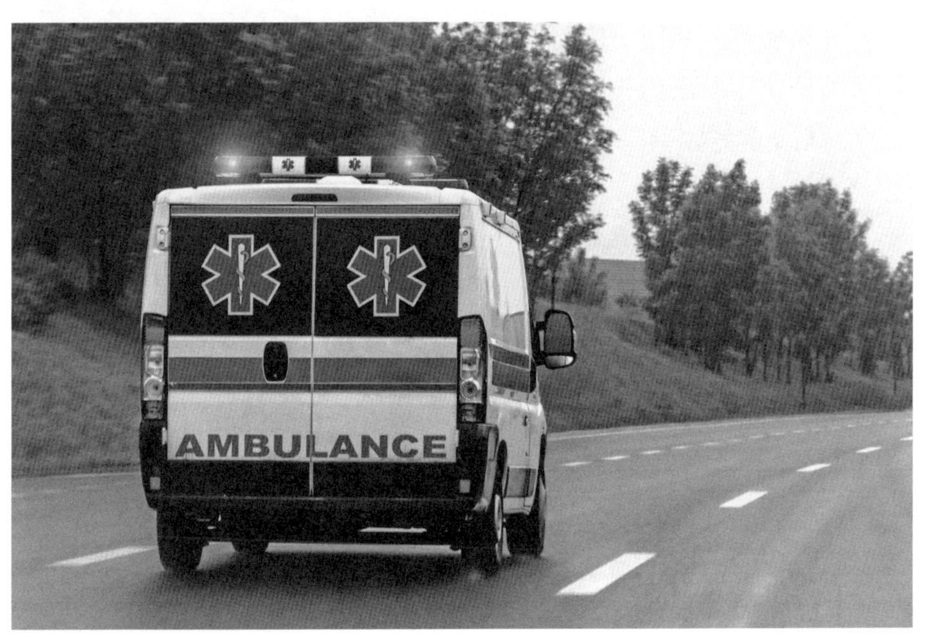

鳴笛趕路的救護車

討論問題

Q1 櫃臺有機會避免此悲劇的發生嗎？

Q2 如何面對各大媒體？

關鍵重點

1. 接受房客電話的標準作業流程。
2. 決定向119報案。
3. 封鎖消息及現場。

案例解析

旅館剛交完班，就碰到忙碌的場面，管理者如能情商早班人員，留下部分人員加班，極有可能因足夠的人力，而避免掉Lisa的忙中有錯。

Lisa疏忽未注意到房號的情況下，不該只天真的等候客人再打一次電話來。事實證明這是錯的，Lisa應該就自己殘存記得的可能房號，請總機或房務部追查此房客，也許有可能找到。

房客在意識不清的狀態下，打出的電話可能不只這兩通，如果還有其他單位也接到電話，而未及時反映，那此旅館的人員訓練是真的有問題。

值班經理接獲總機通知後，先查住客資料，再約房務部及安全室主管一起前往客房檢查算是符合標準作業流程。

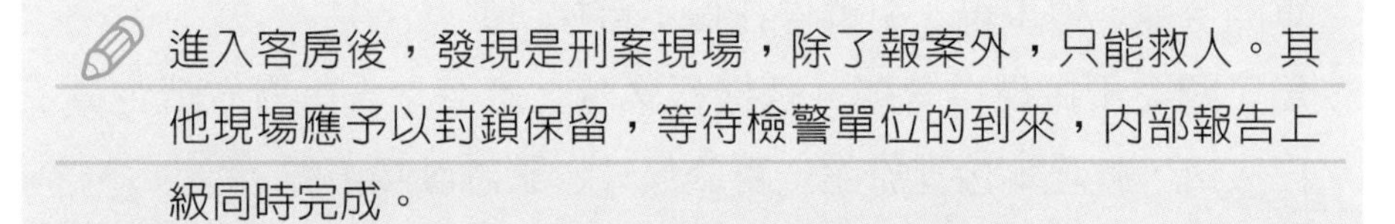

- 進入客房後，發現是刑案現場，除了報案外，只能救人。其他現場應予以封鎖保留，等待檢警單位的到來，內部報告上級同時完成。
- 救護車及人員的抵達現場，以最少干擾現場營運為原則，所以，安排走員工出入口進出。傷者由救護人員緊急送醫，死者則尚留現場，等待檢警現場驗屍後，按交代處理。
- 封鎖現場派安全人員站崗，等檢警完成所有程序後，再處理現場。
- 了解客人背景，提供警方參考，計算旅館損失，如有必要向客人求償。
- 經119報案，一定會引來大批媒體到現場，旅館應統一由公關人員引導及說明。

旅館面對意外事故的SOP

1. 總機接獲問題電話馬上向值班經理報告。
2. 值班經理接獲通知後，馬上清查客人資料並約房務部及安全室主管，直接到客房處理。
3. 當發現現場是刑案現場，值班經理只能向總經理報告後，直接請總機撥119報案。
4. 對現場受傷者，進行必要的急救，等候119救護車的到來，並安排安全人員在員工出入口等候。（旅館如有地下停車場，可請救護

車開至地下停車場，引導停在員工電梯口）

5. 爲了避免干擾現場營運，總機報案時，應清楚告訴對方請走員工出入口，救護車接進旅館一百公尺外，請息滅鳴笛聲。
6. 封鎖現場及嚴禁內部訊息傳遞，並通知公關人員了解狀況，以備應付媒體的採訪。
7. 配合完成檢警必要的行政作業後，協助客人家屬完成遺體處理作業。如須執行招魂等相關動作（宗教不同有不同做法），以不影響現場作業爲原則。

旅館內部管理策略

1. 主管宜更彈性的應用既有的人力，偶發的人力需求，可以機動人力調配的方式解決，如加班或利用PT人員。
2. 考慮使用有記憶功能的電話。
3. 再加強訓練接聽客房電話的標準作業流程，接電話一定要看清房號，另一隻手應同時敲電腦，記客人姓，並於接通電話時叫出客人的姓，如：XX先生，您好！
4. 封鎖1320客房現場，暫時不要出租，避免員工和客人的接觸。
5. 嚴禁傳遞消息，越少人知道越好，以免影響員工情緒。
6. 統一公關單位爲旅館對外窗口，其他單位都不應對外發言。
7. 房間內的所有備品，全部包裝暫存，準備隨時提供檢警單位參考。並於完成檢警行政作業後，房務部完成房間清潔消毒工作，暫存備品則於請示後銷毀。
8. 完成必要的法事作業（許多臺灣老闆都相信）。
9. 必要的話對涉入情緒受影響的員工進行心理輔導。

案例三十 客人喝醉酒踹破大門玻璃

大年初三中午，在某國際觀光旅館的大廳，出現一對剛用完餐的夫妻，走出客用電梯後，站在大廳吵起架來。先生應該是喝醉了酒，酒話連篇，而太太好像在勸止，卻又無可奈何。大廳值班經理見狀馬上趨前致意，並詢問是否可以幫忙。經了解才知道該夫婦在旅館的中餐廳包廂中與家族成員聚餐，餐敘中先生因酒喝多了，爲了某些家族事務與其他人發生爭吵，太太爲了家族和諧，乃想到引導先生先行離開。顯然，先生已不勝酒力，太太也似乎已經招架不住了。值班經理只能盡快引導他們離開大廳，眼看著兩個人走出旅館大廳，值班經理心裡頭鬆了一口氣，目送著客人離開大門口。值班經理走回大廳值班桌子，把剛才發生的事做個紀錄。就在剛寫完交班簿，猛然聽到一陣踢玻璃聲，接下來是一陣玻璃落地聲。值班經理走到大門口發現，旅館大廳旋轉門玻璃門已破了一片，而凶手竟然是剛才那位喝醉酒的先生。原來值班經理以爲已經離開的夫妻，因故又轉回旅館大門口，激動的先生不知何故，竟然用腳將旅館旋轉門踢破。看著愣在一旁的先生，有點悲情的太太走向值班經理，直接承認是她先生不小心將門踢破，願意負責賠償。值班經理一方面通知房務部及工程部單位來處理，一方面留下客人的資料和聯絡電話，並告知旅館會請廠商來維修，有關賠償事宜會再通知他們。由於是過年期間，廠商無法立刻找到工人來施工，但同意初五開工當天一定會來維修。只能請工程單位先將旋轉門圍起來，讓客人暫時以兩側門進出旅館。當事情處理告一段落，旅館總經理在接獲報告後，也到現場看著圍起來的大門口，過年期間有點觸霉頭，越想越生氣。請大廳值班經理告訴對方，旅館會向法院告發對方損毀及影響做生意。對方接到通知後，當天下午就透過許多關係來說情，希望旅館不要告他們，他們願意賠償旅館全部的損失。原來他們怕旅館如果告上法院，可能會影響先生的工作。後來好不容易找到一位與旅館總經理熟識的友人，出面向旅館總經理求情，旅館總經理給了這位友人面子，旅館決定不告他們，且只要求賠償了旅館旋轉門的維修費用10萬元，而該旋轉門也眞的在大年初五才被修理妥。兩三天的不方便，旅館自己承受了。這位踢破玻璃門的先生應該得到教訓了，而這位出面的友人卻成了這件意外事故的最大受害者，因爲不知道什麼時候才能還這份人情。

飯店門口的旋轉門

飯店的大廳

討論問題

Q1 旅館可以避免此意外事故發生嗎？

Q2 旅館有必要告這位客人嗎？

關鍵重點

1. 管理者的警覺性。
2. 關鍵人物的求情。

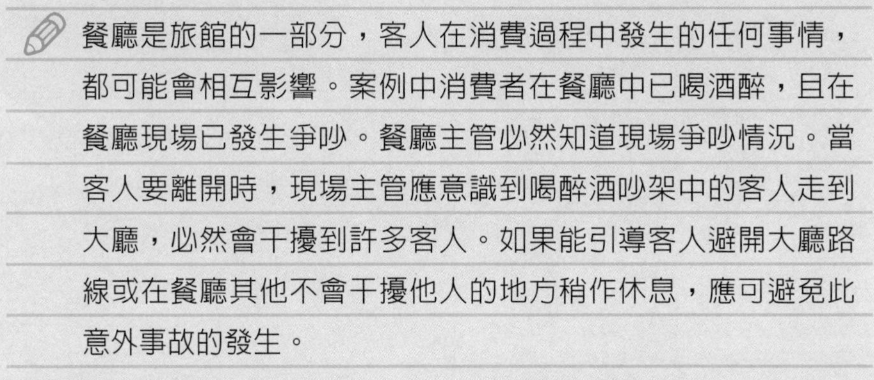

案例解析

餐廳是旅館的一部分，客人在消費過程中發生的任何事情，都可能會相互影響。案例中消費者在餐廳中已喝酒醉，且在餐廳現場已發生爭吵。餐廳主管必然知道現場爭吵情況。當客人要離開時，現場主管應意識到喝醉酒吵架中的客人走到大廳，必然會干擾到許多客人。如果能引導客人避開大廳路線或在餐廳其他不會干擾他人的地方稍作休息，應可避免此意外事故的發生。

機警的大廳值班經理，盡責的快速引導吵架之夫妻離開大廳，並且送他們離開，可惜值班經理卻未見他們轉回旅館。

更可惜的，是大廳門口未見其他員工有所警覺。門衛、行李員，甚至可能在現場的司機、公共清潔人員都不見有所反應，任憑這對夫妻繼續吵架，進而發生此事故。

事故發生後，值班經理在現場應速處理：

1. 現場控管，避免其他客人受到干擾及傷害。
2. 確認肇事者，並釐清責任。

年初三是該旅館非常忙碌的日子，客房一定客滿，下午3點以後房客就會陸續Check in。餐廳中午時段也是到處都擠滿了消費者，大廳的意外事故的確已經影響到旅館客人進出的動線，帶給消費客人的負面印象損失難以估計。總經理很生氣指示要告消費者，不是沒有道理。

肇事者肇事後的態度良好，是後來旅館未提告的主要原因之一。當然，肇事者後來找對了說客，也發揮了作用。其實旅館做生意是沒道理與客人結怨的，更不應該隨意與消費者興訟。當然總經理順水人情給了說客，同時也給了肇事者該有的教訓，也沒再替旅館增加麻煩及樹立不必要的敵人。

旅館面對意外事故的SOP

1. 餐廳面對服務對象，已起衝突，應注意現場狀況，提醒並協助主家，安撫起衝突者。
2. 見吵架中的喝醉酒者要離開，餐廳主管應引導客人，使用較不會影響到其他客人的動線，或請客人在較不影響其他客人的地方稍做休息，避開走進旅館大廳應爲首要考量。
3. 當客人踢破旅館大門玻璃，首先面對的一定是服務中心的工作人員，除了盡速向值班經理報告外，應迅速以護欄圍起事故現場，避免其他客人靠近，並立即通知房務部公共清潔盡速派人清理現場。
4. 大廳值班經理了解事情發生的原因，並掌握肇事者，並確認責任歸屬，並向總經理報告。
5. 請工程單位盡速聯絡廠商，估價維修。
6. 當確認廠商無法馬上前來維修，應請工程單位速將現場用木板固定圍起來，以維護現場的整體美觀，並標示施工中，請勿靠近。
7. 引導客人走兩邊側門，直到旋轉門玻璃更換妥。
8. 值班經理配合工程單位，評估工程維修費用及工程進行對旅館的影響。

9. 指定值班經理爲求償對口單位，並請教旅館法律顧問準備告發事宜。
10. 旅館生意應廣結善緣，與消費者互動以不訴訟爲原則，客人毀損因而影響旅館的正常營運是事實，但還不至於與客人法院相見。所以，當旅館接到熟客人的請求時，正好順水推舟，做個順水人情給說客，總經理處理此意外事故掌握得恰到好處，雙方各取所需，意外事故圓滿解決。

旅館內部管理策略

1. 餐廳人員加強訓練，面對客人喝酒狀況的情境管理及事故發生處理技巧。本案在酒席間，現場服務員工，應觀察客人喝酒狀況，當發現客人酒量已差不多就應該提醒主家注意，甚至減緩提供酒水，以協助主家確保賓主盡歡。
2. 確認引導喝醉酒客人離席的標準作業流程，以安全不干擾到其他客人爲原則。
3. 旅館大門口工作人員再加強訓練。以本案爲例，門衛、行李員、司機或公共清潔人員，如剛好在現場工作，看到吵架的一對夫妻，本來就是異常狀況，除了本身應關注外，應向值班經理報告，值班經理如能知道有此依狀況而及早處理，此意外就可能不會發生。
4. 告客人只是在與客人糾紛無法解決才會採取的手段。案例中客人是犯後態度良好的類型，還好客人不想上法院而請託人來說情，總經理順勢給了順水人情，自己也留下解決事情的漂亮身影，這正是管理者必須學習的解決問題的策略。

案例三十一　常客砸破大門口玻璃意外事故

徐董是某汽車零件供應商，年輕多金，是某大國際觀光旅館的常客，由於與旅館老闆非常熟識，也偶爾應邀出席旅館的尾牙及春酒宴。徐董出手闊綽，只要有服務小費就給五百或一千元是常有的事。為了給旅館老闆面子，在參加尾牙及春酒時，贊助現金紅包抽獎，跟著旅館的感覺走，更是面不改色。例如：旅館老闆臨時提出提供現金獎八萬八千八百八十八元的紅包獎項，徐董也會贊助另一個八萬八千八百八十八元的現金獎。賓主盡歡，員工更是視徐董為財神爺。由於徐董是旅館常客，旅館老闆也特別指示給徐董一個特別價，所有客房，包括總統套房，只收單一價五千元整，而徐董也樂得常蒞臨該飯店，也幾乎住盡了旅館的大小套房。後來房務工作人員反映，徐董會將大便拉在不應該拉的地方，浴缸及浴室地板上還好清，陸續發現床上、地毯上都有被他污染的痕跡。剛開始房務部採取向值班經理報備後，加收五佰元清潔費，彌補負責清潔工作員工的方式處理。後來發現客房被污染的頻率非常高，尤其是大便拉在地毯上非常難處理。旅館的套房大部分是淡色系的長毛地毯，被污染後的地毯，清洗過後都無法完全清理掉，被污染的痕跡都還相當的明顯，再這樣下去，遲早連總統套房也會被污染。於是房務部經理乃整理所有地毯被污染、已遺留有痕跡的套房房號，請示是否應該予以管控。經內部討論，決定找出已經被污染比較嚴重的三間不同形式套房，以後就固定給徐董使用。經請示老闆，老闆也同意依此方式處理。客務部接獲通知後，內部即交代全部員工，將此三間套房鎖住保留，除非客滿否則就留著應付徐董的住宿使用。就這麼巧，就在交辦當天晚上將近12點，徐董喝得醉醺醺的，旁邊陪伴著兩位漂亮的美女。走到櫃臺前，接待他的人剛好是夜間主管，徐董劈頭就說：「給我總統套房！」夜間經理愣了一下，馬上回應說：「對不起！總統套房今天正在維修中，無法使用。」接下來要講的話，突然，卡在喉嚨中，夜間主管發現徐董眼睛一瞪，什麼話也沒說轉身就往大門口走，有點突然，有點束手無策。眼見徐董就要走出旅館大門，突然，徐董彎下腰拿起地上盆栽，往大門口玻璃敲下去。剎那間，整片玻璃嘩啦啦像雪花般掉落滿地，徐董頭也不回的消失在大門口。有點受到驚嚇，夜間主管除了找房務部及服務中心人員，快速清理現場玻璃碎片外，正努力思考著後續如何處理，反正半夜三更也無從找人來維修，只好好好寫一份報告，隔天再請示上級如何處理了。隔天呈報給總經理的報告回來了，總經理明確的寫了兩個指示：1.找廠商當天馬上完成大門口玻璃的修護，費用旅館自行吸收。2.檢討面對喝酒醉客人的回應方式。夜間主管看了總經理的批示，心裡明白，總經理直指自己面對徐董的方式有問題，只能思考檢討自己了。

套房照片

被污染的長毛地毯

論問題

Q1 房務部在許多套房都被污染之後，才提出檢討，會不會太慢了？

Q2 夜間經理的回應錯了嗎？有更好的回應方式嗎？

鍵重點

1. 面子問題。
2. 酒醉問題。

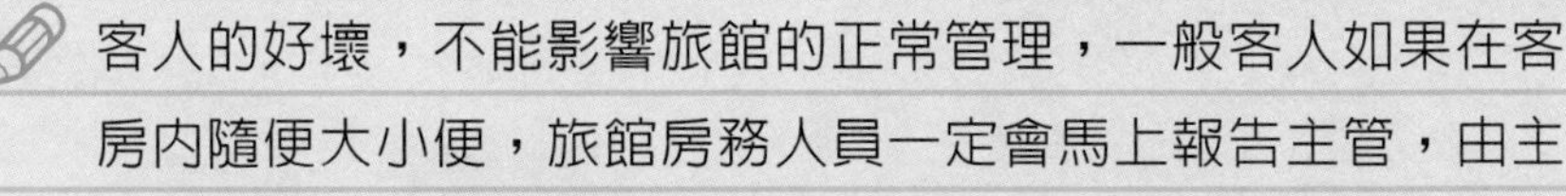

案例解析

客人的好壞，不能影響旅館的正常管理，一般客人如果在客房內隨便大小便，旅館房務人員一定會馬上報告主管，由主管判斷如何處理。通常面對第一次發生這種事情的客人，大都會透過大廳值班經理，善意提醒客人下次再發生，會酌收清潔費用。

對於徐董這樣的常客，也許酌收清潔費用，早已成為房務管理者的例行公事，就不以為意了。等發現在許多套房地毯上，已經留下洗不掉的痕跡，才感事態嚴重已經稍嫌太晚。

就客人的觀點而言，維修中的客房，如果快點維修還是可以用啊！更何況，總統套房那麼大，又沒講哪部分在維修中，那不是給自己難堪嗎？在兩位女性友人面前太丟臉了，難怪客人會無法接受。

夜間主管見客人轉身就走，應快速走出櫃臺向客人道歉，更應該把事情再說明清楚，可能就可以化解客人敲破大門口的動作了。

如果夜間經理聽到徐董要總統套房時的回應如下是不是比較好？「糟糕了，徐董，總統套房不巧今天有人住了，是不是，我們來為您準備另一間套房，下次請徐董提早先通知我們一下，我們一定幫您留下您所需要的房間。」

事故發生在半夜，大廳出入客人雖然不多，但依然不能大意，除了召集大夜班房務及服務中心人員快速清理現場，該做的防護措施也不得馬虎，例如將現場先以護欄圍起來。

隔天以最快速度將破損玻璃維修妥，並恢復正常運作。

旅館面對意外事故的SOP

1. 當面對客人不滿轉身往外走時，值班主管應快速移出櫃臺，做後續的補救說明。
2. 由於砸破玻璃的客人是老客人，所以並無馬上攔阻客人要求賠償的必要。應速召集房務與服務中心，先將事故現場以護欄圍起，並注意客人的進出，必要時引導客人遠離該區域。

3. 將事故現場清理乾淨，不要留下任何碎玻璃。
4. 要求工程單位隔天盡速完成現場之維修復原工作。
5. 由於客人身分特殊，夜間主管只要據實報告，等候公司上級裁示即可。

旅館內部管理策略

1. 房務部檢討客人不正常使用客房時，房務工作人員的標準作業流程。例如：將大便隨地拉撒的客人。

   續住房：應通知大廳值班經理，由值班經理出面警告客人或告知客人加收清潔費用，並在客人歷史檔案上做紀錄。

   遷出客人：則在客人歷史檔案上做紀錄，列入追蹤。
2. 發現地毯被污染、洗不掉時，就該找客人算帳，等到那麼多房間被污染，留下被污染痕跡，顯然爲時已晚。
3. 固定提供已被污染的房間，雖然有點晚，但值得堅持。
4. 面對客人應更小心，尤其是在客人喝了酒，又攜帶女伴的情況下。
5. 未要求賠償是對徐董的特殊身分的禮遇，在正常情況下，對一般客人，一定會針對客人的毀損狀況提出賠償要求。

案例三十二 烘乾機械操作不當扭傷手事故

某國際觀光旅館受惠於國際旅客的大幅成長，生意比往年好很多，居高不下的住房率，讓員工忙得有點吃不消。為了因應高漲的人事成本，大部分的旅館選擇大量使用部分工時人員，某國際觀光旅館也不例外。小平是旅館洗衣房的正式員工，雖然，到旅館來工作才一年多，但在用了幾個部分工時人員的情況下，在洗衣房主管的眼中，小平早已是可以獨當一面的洗衣技工。為了完成每日的龐大工作量，小平也學會了如何在工作中節省時間和體力。烘乾機作業就是一個例子，洗衣房的老鳥都知道，在烘乾機後段作業中，機器開始吹冷風降溫時，就可以將烘乾機門打開，在烘乾機還在飛轉的時候，可以輕易的將烘乾機中飛轉的衣物從烘乾機中抽出，除了省力外還可以省下許多時間，幾乎不必等烘乾機停下來，就可以將烘乾機中的衣物清光。出事的那一天，工作依然忙碌，烘乾機裡面不是衣物，而是餐廳的檯布。小平想如法炮製，就在烘乾機開始灌冷風時，小平打開烘乾機門，並將烘乾機的開關固定之後，開始快速的伸手進烘乾機中將檯布逐一抽出車廂外。烘乾機仍然在快速轉動的情況下，部分檯布比較長，並無法像衣物較短容易抽出烘乾機。就在一次拉到長檯布時，因為無法瞬間抽出，小平的手反而被烘乾機轉動拉扯的力量，隨著檯布被烘乾機向車廂內捲。情急之下，小平竟然忘了鬆手就好，竟然還用力的將檯布抽了出來。拉扯過程中，小平的手受了嚴重的扭傷，事情發生在一瞬間，小平痛苦的表情，大家以為手臂斷了。經緊急送醫後，發現只是嚴重挫傷，須長期休養。後來小平足足休了三個月的公傷假，才回到工作崗位。

洗衣工廠照

烘乾機

討論問題

Q1 洗衣房作業中，烘乾機的標準作業流程為何？

Q2 老鳥教菜鳥的訓練方式可行嗎？

關鍵重點

1. 烘乾機有安全閥的設計，只要車廂門一打開，烘乾機會停止轉動。
2. 小平投機的動作，管理者知道嗎？這會影響公傷假的判定嗎？

案例解析

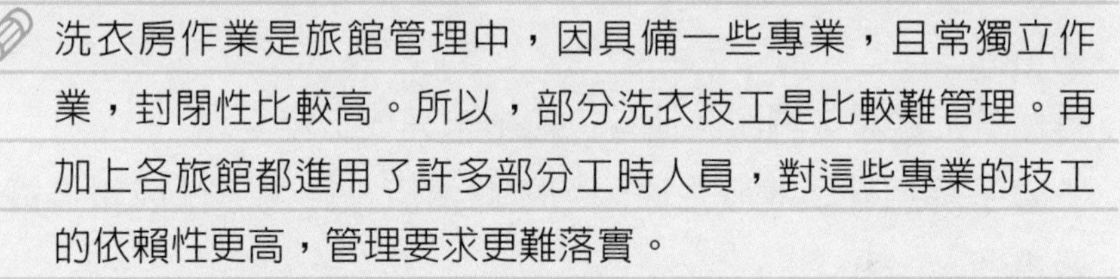

洗衣房作業是旅館管理中，因具備一些專業，且常獨立作業，封閉性比較高。所以，部分洗衣技工是比較難管理。再加上各旅館都進用了許多部分工時人員，對這些專業的技工的依賴性更高，管理要求更難落實。

在公司要求績效的前提下，員工在作業過程中，以各種方式取巧以爭取時間，降低工作負擔情有可原。如果在人力未增加的情況下，又得增加工作量，那員工投機取巧的情形，恐怕只會增加不會減少。小平大概就是在這樣的情況下，才會有這些取巧行為，以致發生意外事故。

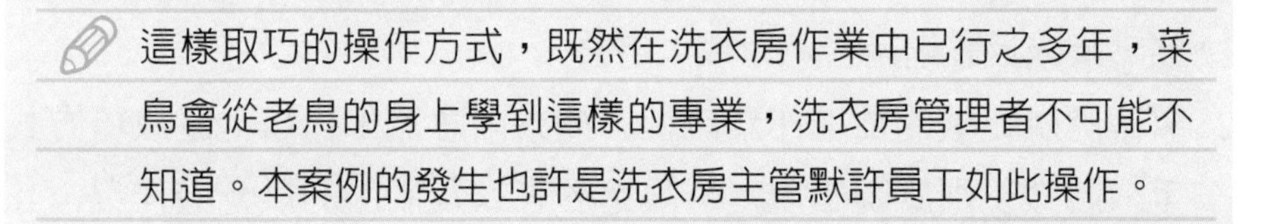

這樣取巧的操作方式，既然在洗衣房作業中已行之多年，菜鳥會從老鳥的身上學到這樣的專業，洗衣房管理者不可能不知道。本案例的發生也許是洗衣房主管默許員工如此操作。

技術的傳承應有完整性，小平只學到烘乾機可如此操作而少（省）時少（省）力，但沒有告訴他這只適用於尺寸比較短的客衣與制服，而其他較長的床單、檯布是有高危險性的。

既然是主管默許員工如此操作烘乾機，因此可判定小平應享有公傷假，相當合理。

小平因公受傷，已得到教訓，小平的主管應為小平的受傷負起完全的督導不周的責任。

旅館面對意外事故的SOP

1. 事故發生馬上通知洗衣房主管，暫時關閉烘乾機，待主管了解現場情況。
2. 受傷員工送醫，調派其他員工繼續未完成工作。
3. 主管了解意外事故發生原因，並釐清責任歸屬，做成報告簽呈上級處理。
4. 確認員工因公受傷，代請公傷假，請員工安心休養。
5. 內部工作人力調整，必要的話可以請員工加班停休或另覓部分工時人員因應。

旅館內部管理策略

1. 再檢討洗衣房人員配置，如固定人力不足或部分工時人員比重太高，及機具設備是否堪用或太老舊。
2. 再確認烘乾機的標準作業流程，如果同意員工仍以上述取巧方式爭取時效，則應明確規定，限定於客衣及制服的烘乾機作業，其他床單及檯布部分應予以嚴格禁止。

3. 當然嚴禁員工以此取巧方式操作，乃是斧底抽薪的做法，因爲如此操作仍存在著必然的風險是事實，但作業績效會較差也是事實，管理者是該傷點腦筋，讓員工有所依循，並兼顧到人力成本、作業安全、工作績效及產品品質。
4. 人事單位在評估員工公傷假時，會涉及到洗衣房作業管理，站在人事單位的立場，員工因公受傷是事實，但洗衣房主管明顯有管理不當也是事實。因此人事單位要求洗衣房主管，負起監督不周的責任是理所當然。所以，洗衣房主管爲了保護自己，應讓所有標準作業流程更明確，不要有模糊的空間。

案例三十三 電梯關人意外事故

某國際觀光旅館爲了因應例假日，大都數部門主管休假，而陷入群龍無首的窘境。總經理特別要求各單位主管排班輪值例假日。某個忙碌的週末晚上，當天的旅館執勤主管是客務部吳經理，吳經理是一位勤快的旅館資深經理。晚上9點20分左右，吳經理剛完成所有外場單位的巡視工作回到辦公室，正準備開始寫今天的值勤報告。

突然手機鈴聲響起，大廳值班經理來電報告，3號客用電梯因故停擺。不巧電梯停在沒有開口的地方，可能無法很快的將人從電梯救出。吳經理明白這將會是一場硬仗要打，根據自己過去的經驗，吳經理向值班經理下了三項指示：

1. 請工程單位盡全力盡快救出電梯內的客人。
2. 請值班經理與總機持續不斷以電梯內對講機與人對話，一方面安撫客人的情緒，一方面讓客人了解緊急救援進度。
3. 透過電話掌握客人的狀況，包含客人背景及是否有病人（要安排緊急救護車）。

吳經理掛完電話，心裡明白客人越晚救出來越難處理。丟下手上的筆，快步下樓走向大廳，期待有好的消息傳來。走進大廳，值班經理也走過來報告所掌握的狀況。電梯中關了十一個人，兩批同公司客人都剛從自助餐廳用完餐。另一位則是酒吧女客人，這位女客人可能喝了不少酒，電梯中的對話大部分來自於她。一下子喊熱，一下子叫尿急，總機被她罵得有點招架不住，值班經理也只能安撫及道歉。由於電梯卡在無開口的地方，必須以手動的方式，將電梯拉往有開口的地方。一般是降到最低樓層，這是非常專業的操作，旅館工程單位沒有人有把握，只能依賴電梯公司。也因時候不早了，旅館內常駐的電梯維修工程師早已下班。雖然，很快速的聯絡上，可惜他人在距離旅館有點遠的家中，只答應盡速趕過來，預計二十至二十五分鐘。吳經理心想：「糟糕了，等工程人員到來，再加上操作時間，那前後將近一個小時了。」想到那些被關在電梯裡面的人，頭皮就發麻。但總該有所準備，以應付客人救出電梯後的火爆場面。首先，吳經理找了餐飲部主管，除了把事情經過說了一次，並請她等候通知，在客人從電梯被救出來前，會通知她到電梯口協助處理後續安撫及道歉事宜。自己則到櫃臺借了一萬一千元，分成十一包紅包放在口袋中備用。終於電梯公司的工人來了，客人前後已被關了將近五十分鐘，電梯順利的被以手動的方式下降到一樓。接到工程單位通知後，吳經理已會同餐飲部經理及值班經理等候在電梯門口，事先吳經理已經與兩位經理模擬好各自帶著紅包及餐廳免費自助餐券。吳經理與值班經理各應付一批客人，單獨的散客交給餐飲部經理。兩批客人在吳經理和值班經理的誠意道歉說明後，接受了每個人一千元紅包及兩張自助餐券。送走了這兩批客人，吳經理回到現場發現餐飲部經理仍然與該女客人溝通協調中。原來該女客人在被救出電梯前，通知了住距離旅館不遠的一位前市議員朋友，而這位市議員朋友也剛抵達現場。眼看一位喝了酒的客人已經夠難纏了，現在又多了一位前市議員，吳經理心裡明白，當下想打發他們可不容易。想了想吳經理決定從這位前議員下手，由於是當地議員，以前他選市議員時，旅館也曾經透過各種管道贊助過他的參選。於是吳經理馬上趨前遞上名片，並感謝議員百忙之中，前來關心此事，除了表明旅館道歉的立場，也願意補償客人的損失。但因現在時間已經不早了，客人喝了不少酒，又在電梯中關了近一小時，可能累壞了。是否請說服客人先回去休息，明天早上我們再與客人約時間，本公司將派員至客人家中或公司拜訪她。議員看了其友人的樣子，好像當下也談不出所以然來，從身上取出一張名片給吳經理，請吳經理轉達老闆明天再與他聯絡，客人就由他送她回家。吳經理正中下懷，除了感謝議員的協助，又請議員放心，一定報告老闆，並代表老闆感謝議員的幫忙。經議員三言兩語，該客人乖乖的隨著陪同客人緩緩往大門口走。目送客人離開後吳經理才終於鬆了一口氣，接下來的任務，就是趕快在下班前完成一份報告，並期待老闆能出面善後。

旅館客用電梯

討論問題

Q1 電梯故障的原因，誰該負責任？

Q2 賠償損失誰負擔？旅館？廠商？

關鍵重點

1. 適當的補救策略。
2. 電梯故障的緊急操作。

案例解析

旅館電梯的緊急呼叫器連結到的單位，可能是總機，可能是防災中心。當客人按了電梯的緊急按鈕，連結單位除了持續與客人對話，應盡速通知大廳值班經理。

大廳值班經理如果是一位有經驗的旅館人，吳經理交辦的三件事，在值班經理打電話報告吳經理的同時，應已經在進行中。

由於無法短時間內救出被困在電梯中的客人，即將面對一群憤怒的客人已是無法避免。除了要求值班經理持續追蹤進度外，吳經理安排兩位主管協助及準備慰問禮儀已經是當下唯一可做的事了。

找出餐飲部經理幫忙，是有道理的，一來需要人手幫忙，再來需要用到餐飲部的餐券，最重要的是關在電梯裡面的客人，都是餐飲部門的消費者。

持續與電梯中客人對話，一方面緩和客人的情緒，一方面了解客人的背景及可能的需求，也避免對客人處於無知的狀態中，事後落得旅館被質疑不管客人死活。

電梯的維修操作，一般都委由專業電梯公司負責，工程單位雖該負起督導責任，但面對這樣的電梯事故，工程人員如果沒有十足的把握，寧可等候專業電梯人員來處理，以免發生意外。

事實證明吳經理準備的人力及賠罪禮是有用的，兩批客人除了體會到旅館處理意外事故明確態度外，也實質的得到道歉及賠罪禮。尚未能當場處理的女客人，有可能是因多喝了酒或本來就難溝通的關係。不過，以常理來看，被關在電梯中近一個小時的十一個人，當場能接受道歉離去，已經非常難得，吳經理的表現應值得旅館總經理在功勞簿上記上一筆。

約定隔天的聯絡，前議員以口頭要求轉達老闆，旅館老闆最好能親自出面處理，以回應客人的期待。

旅館面對意外事故的SOP

1. 接獲緊急呼叫電話（總機或防災中心），通知大廳值班經理，並盡速確認電梯暫停何處。
2. 值班經理速通知工程單位準備救人，如果電梯停在有開口的樓層，工程人員只要拿專業手板（T形），即可隨時將電梯門打開，救客人出來。由於本案電梯停在沒有開口的地方，旅館工程人員沒有把握操控電梯。所以，只能快速的聯絡廠商，並追蹤確認廠商盡快來處理。

3. 請總機持續與電梯中的客人對話，一方面安撫客人，一方面讓客人了解旅館正努力的想辦法救他們出來。並從對話中掌握客人的人數、背景及需求（含病號，如有需要安排救護車）。
4. 思考如何面對被救出來的客人，本案除了值班經理外，尚有位旅館輪值例假日的吳經理。在值班經理向吳經理報告意外事故的發生後，思考處理方式就已轉到較高階主管身上，值班經理只要待命在現場協助總機與工程單位掌握現場狀況，隨時將進度報告吳經理即可。
5. 想好因應方式，吳經理應將分工方式告知值班經理與餐飲經理，透過三方溝通，模擬等候面對即將被救出來的客人。
6. 值班經理追蹤廠商作業進度，確認掌握救出客人的可能時辰，通知吳經理與餐飲部經理到現場。吳經理將紅包及賠償禮分派給其他兩人，同時完成工作分配，由吳經理與值班經理處理人數較多的兩批客人，餐飲部經理則負責處理落單的女客人。
7. 三批客人均要留下客人資料及聯絡電話，以方便可能的再次拜訪。
8. 意外事故的處理以現場能處理解決為優先考量，面對前議員及酒喝多了的客人則例外，視情況處理。案例中前議員願意先帶客人回去，要求隔日老闆再與他聯絡，雖然是正中下懷，其實也只能順著他的要求處理。
9. 就各自職責，值班經理、吳經理各自完成一份報告呈總經理，報告中務必強調前議員要求老闆隔天聯絡。
10. 封閉該3號電梯，要求廠商大檢修。
11. 請總經理再針對受害客人發出慰問感謝信函。

旅館內部管理策略

1. 檢視3號電梯的維修紀錄，核對此次電梯故障原因。
2. 可歸咎廠商未依合約維修或維修不當而造成電梯當機，當然責任由廠商負責，依合約要求廠商負擔全部的賠償責任，否則即由旅館自行吸收。
3. 追究旅館工程單位的責任，如爲人爲督導不周造成，負責人理當接受懲處。
4. 電梯故障關人事件在旅館中時有所聞，即便有正常的維修，也很難避免電梯因故故障。當然也無法掌握什麼時候故障，暫停在何處，甚至電梯內有沒有關人，甚至關什麼人。既然電梯關人意外，有如此多的不確定，所以，緊急呼叫就應該連結到二十四小時有人值班的地方，更何況被關的客人可能會有語言的問題，因此連結至總機會是一個比較適當的地方。
5. 總經理提醒老闆回應前市議員。
6. 總經理指派適當人選再次拜訪這三批客人。

案例三十四 陽臺上的呼救

事情發生在11月中，臺北的天氣已經有一點涼。早上6點半不到，天色已經微亮。某國際觀光旅館的總機接到一通外線電話，告知旅館高樓層陽臺上，有人揮舞著衣物，好像在求救。總機話務員Carrie起初以爲是開玩笑，後來，電話中那位先生，詳細的敘述他看到的狀況。旅館十六樓靠近中間的陽臺上，有一個人手上揮舞著衣物，光著身子狀似在求救。Carrie掛上電話後，馬上向值班經理David報告。David接了Carrie電話之後，突然想起昨夜近12點左右，1612房客人曾打電話抱怨，隔壁房間陽臺有敲擊聲。David曾上樓就近觀察1610及1614， 1610房內有微光但DND燈亮著，1614房內昏暗無光，兩個房間都沒任何聲響。David在附近逗留了十幾分鐘，附近幾個房間也都正常無任何異狀。心想可能客人弄錯了，如果眞的還有問題，客人應該還會打電話來，到時候再問清楚好了。於是David直接走回大廳，等待客人可能的再次來電。結果一夜平靜，值班經理的電話當夜沒再響過。David以爲沒事了，沒想到竟然在下班前接到這通電話。David心裡有數，應該是同一件事情。離開大廳David直接走向旅館的外圍，就朝客人所說的方向望去。揮動衣物的身影仍然清晰可見，David仔細的核對了客人所在的位置，沒錯就是1610房。走回大廳David馬上打電話給房務部，請房務值班人員直接到1610門口會合。望著1610亮著的DND燈，David還是愼重的請總機掛電話進房間，確定電話沒人接後，請房務同仁依規定敲門、開門進房。進入房間後，即可清晰看到站在陽臺外的客人。David趨前檢視了透明門窗，確定門窗鎖是緊扣上的。David隨即將門扣打開，請客人返回房內。爲了讓客人早點休息，除了向客人道歉之外，David也只簡單的詢問了解事情發生的經過。客人很不能諒解，爲何走出陽臺抽一根菸，門關起來會反扣？及爲何徹夜求救沒人理他。在簡單安撫客人，請客人先休息後，David和房務值班人員隨即離開客房。

客房陽臺

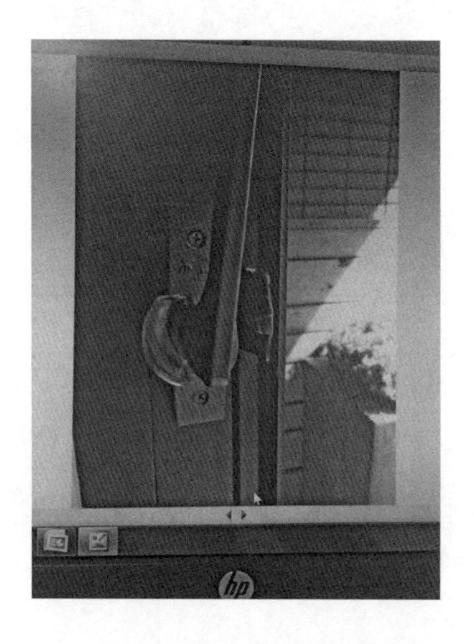

陽台落地窗門扣

討論問題

Q1 旅館客房有陽臺好嗎？

Q2 陽臺相關設備設施

Q3 意外事故房客的處理

關鍵重點

1. 設施安全。
2. 有經驗的夜間經理。

案例解析

很明顯的客人是在走出陽臺後，隨手關上透明門窗時，房門扣因震動而掉下，掉下的門扣反鎖住了門，以至於客人無法開門回房內。

想盡辦法仍然無法開門回房的客人，只得敲打兩邊陽臺牆面求救。

在經過斷斷續續的牆面敲打後，只有1612客人曾打電話到大廳反映過一次，另一邊1608的客人則完全沒反映，可能客人很好睡，且早就睡著了。

客人斷斷續續敲牆壁一陣子，可能因為沒有效果，而自己也累了，就沒有持續做敲擊的動作。

1612房客可能入睡前，有聽到敲牆面的聲音，但因為聲音不會太大，不足以妨礙到他入眠，所以後來睡著了，也就沒再打電話到大廳。

大廳值班經理到樓層巡查，也因為聽不到任和吵雜聲音，在吵雜聲音來源無法確定的情況下，苦等了十分鐘。

不再有人抱怨的情況下，值班經理會以為沒事了。

因事情發生在半夜，值班經理發現好像沒有狀況後，因為擔心會吵到客人休息，並未回報客人處理結果。

還好6點多發現陽臺有人呼救時，David仍然值班中，尚未下班。由於昨夜上樓檢查的狀況記憶猶新，因此在接獲總機通知後，馬上就聯想到這是同一件事。

David在確認1610房號無誤後，馬上通知房務值班人員，一起上樓解決意外事故。

旅館面對意外事故的SOP

1. 旅館大廳值班經理，在12點多接到1612房客電話時，意外事故已經發生。David應該更詳細問清楚客人聽到的狀況，也許客人能確認敲擊聲是前一個房間或是後一個房間。
2. 大廳值班經理應該約房務值班人員，一起來到樓層現場處理。
3. 值班經理到現場未發現任何異樣狀況，因離1612客人來電抱怨，時間不會間隔太久。大可直接回電客人，一方面回報處理狀況，一方面再確認是否客人仍然會聽到吵雜聲音，不用擔心吵到客人。

4. David早上接到電話就知道出事了，上樓處理之前應先了解客人的背景，及準備妥如何面對客人。
5. 因爲天氣微寒，客人在陽臺上待了一個晚上。在客人進房時，除了問候致意外，應該遞上浴袍及熱水，並詢問是否需要先安排看醫生。如果是華人的話，準備煮好的薑湯會更好。
6. 除非客人有特別的要求，否則，宜讓客人先休息，並請客人另找方便的時間與大廳值班經理聯絡。

旅館內部管理策略

1. 旅館在夜間11點以後，各單位主管都已下班。大廳夜間經理代表總經理，督導各單位執行夜間所有工作任務。因此夜間經理通常需要具備旅館組長、主任五年以上工作經驗，方有能力擔任此項工作。
2. David剛擔任值班經理不久，今天因夜間經理休假，上大夜班代理夜間經理。也因爲經驗稍嫌不足，才失去解決事情的先機。
3. David接到1612客人電話，應該詳細詢問相關細節，以免再次打擾客人。
4. David的工作經驗，仍然無法勝任夜間經理的工作，需要再加強訓練。
5. 旅館宜改善鎖扣，以確定不會再發生同樣事故。
6. 或封鎖陽臺，不再讓客人出入陽臺。但這會失去一個重要客房景觀，及抽菸客人多了污染客房的機會。
7. 主動扣除當天晚上的房租，並安排相關主管當晚請客人吃飯（如果客人願意）。除了道歉之外，應傾聽客人的想法，並向客人說明旅館對這件事故的檢討與處置。

Note

Note

Note

Note

Note

家圖書館出版品預行編目資料
旅館意外事故管理的案例與預防／陳牧可著.
——初版.——臺北市：五南，2017.11
面；公分
ISBN 978-957-11-9365-6（平裝）
1.旅館業管理　2.意外事故
489.2　106014612

1LAJ 餐旅系列

旅館意外事故管理的案例與預防

作　　者— 陳牧可
發 行 人— 楊榮川
總 經 理— 楊士清
副總編輯— 黃惠娟
責任編輯— 蔡佳伶　簡妙如
封面設計— 姚孝慈
出 版 者— 五南圖書出版股份有限公司
地　　址：106台北市大安區和平東路二段339號4樓
電　　話：(02)2705-5066　　傳　　真：(02)2706-6100
網　　址：http://www.wunan.com.tw
電子郵件：wunan@wunan.com.tw
劃撥帳號：19628053
戶　　名：五南圖書出版股份有限公司
法律顧問　林勝安律師事務所 林勝安律師
出版日期　2017年11月初版一刷
定　　價　新臺幣300元

所有・欲利用本書內容，必須徵求本公司同意※